职业院校"十四五"规划餐饮类专业创新技能型人才培养
新形态一体化系列教材

总主编●杨铭铎

烹饪工艺美术

主　编　许　磊　夏　琳　何艳军
副主编　白冬宇　王　典　张晶晶　原　静　冯奕东
参　编　（按姓氏笔画排序）
　　　　马荧良　王　倩　王　蓓　兰　锦　吕泽辉
　　　　张丹绘　张曼颖　陆　乐　陆　娴　周华成
　　　　练勋慧　赵莹莹　眭　佳　温宝莉　蔡雨阳

U0370522

华中科技大学出版社
http://press.hust.edu.cn
中国·武汉

内 容 简 介

本书分两个模块，分别为烹饪工艺美术知识模块、烹饪工艺美术技能模块。烹饪工艺美术知识模块主要介绍烹饪工艺美术知识，烹饪产品美感内涵与形式美构成，烹饪色彩艺术，烹饪图形、图案艺术；烹饪工艺美术技能模块主要介绍烹饪造型艺术、烹饪综合艺术与美学。本书一方面对烹饪造型艺术规律做了理论探索，另一方面对烹饪造型实践艺术做了举例说明，图文并茂。

本书适合职业院校餐饮类专业学生使用，也可作为烹饪爱好者的参考书。

图书在版编目（CIP）数据

烹饪工艺美术 / 许磊，夏琳，何艳军主编 . -- 武汉 : 华中科技大学出版社，2024. 6.
ISBN 978-7-5772-0989-0

Ⅰ . TS972.11

中国国家版本馆 CIP 数据核字第 2024QF1426 号

烹饪工艺美术　　　　　　　　　　　　　　　　　　　　　　　　许　磊　夏　琳　何艳军　主编
Pengren Gongyi Meishu

策划编辑：汪飒婷

责任编辑：毛晶晶　张　寒

封面设计：金　金

责任校对：朱　霞

责任监印：周治超

出版发行：华中科技大学出版社（中国·武汉）　　　电话：（027）81321913
　　　　　武汉市东湖新技术开发区华工科技园　　　邮编：430223

录　　排：华中科技大学惠友文印中心

印　　刷：武汉科源印刷设计有限公司

开　　本：889mm×1194mm　1/16

印　　张：9

字　　数：216 千字

版　　次：2024 年 6 月第 1 版第 1 次印刷

定　　价：39.80 元

主编简介

　　许磊，江苏旅游职业学院烹饪科技学院综合办公室主任、第三党支部书记，副教授，多年来坚持参与烹饪专业教材的编写工作，经验丰富，成果丰硕。其中《烹调工艺基础》为首批"十四五"职业教育国家规划教材，《营养卫生与安全》为"十四五"职业教育江苏省规划教材；《中医饮食保健学》《烹饪原料学》被评为"十三五"江苏省高等学校重点教材；《特殊群体食疗与保健》为教育部中等职业教育"十二五"国家规划立项教材，并在其他数十本教材中担任主编。

　　夏琳，山东城市服务职业学院教师，中共党员，高级育婴师、创业培训讲师。 主编全国学前教育专业"十三五"规划教材《幼儿园教育活动设计与指导》、中等职业学校中餐烹饪与营养膳食专业教材《烹饪工艺美术（第二版）》等，并担任高职高专计算机专业精品教材《Photoshop 图像处理案例教程》副主编；发表论文十余篇；原创教学短视频共计 48 次登上"学习强国"平台。

　　何艳军，广西商业技师学院烹饪与营养学部副主任，中共党员，高级讲师，高级技师，国家技能人才评价高级考评员，国家级职业技能竞赛裁判员，国家职业技能鉴定考评员，广西壮族自治区技工学校学科带头人，主编、参编教材 8 本，发表论文 11 篇，主持、参与省级课题 10 余项。获得广西教学名师、广西餐饮行业技术能手、广西壮族自治区技工学校"优秀教师"、桂林市技工系统"优秀教师""优秀班主任"、全国最佳厨师称号及全国职业院校技能大赛金奖，曾二十余次指导学生在国家级、省级职业院校技能大赛中取得佳绩。

职业院校"十四五"规划餐饮类专业创新技能型
人才培养新形态一体化系列教材

丛 书 编 审 委 员 会

主 任

杨铭铎 教育部职业教育专家组成员、全国餐饮职业教育教学指导委员会副主任委员、中国烹饪协会特邀副会长

委员（按姓氏笔画排序）

王　劲	常州旅游商贸高等职业技术学校校长
田安国	黄冈职业技术学院商学院院长
冯才敏	顺德职业技术学院烹饪学院院长
冯奕东	广西商业技师学院院长
吕新河	南京旅游职业学院烹饪与营养学院院长
刘玉强	辽宁现代服务职业技术学院院长
刘俊新	青岛酒店管理职业技术学院烹饪学院院长
刘雪峰	山东城市服务职业学院中餐学院院长
许映花	广东省外语艺术职业学院餐饮旅游学院院长
苏爱国	江苏旅游职业学院副校长
李　伟	重庆商务职业学院烹饪与继续教育学院党总支书记
李　鑫	浙江商业职业技术学院旅游烹饪学院副院长
杨　洁	酒泉职业技术学院教务处处长兼旅游与烹饪学院党支部书记、院长
吴　非	黑龙江旅游职业技术学院餐饮管理学院院长
张　江	广东文艺职业学院烹饪与营养学院党总支书记、院长
邵志明	上海旅游高等专科学校酒店与烹饪学院副院长
武国栋	内蒙古商贸职业学院餐饮食品系副主任
赵　娟	山西旅游职业学院副院长
赵福振	海南省烹饪协会秘书长、海南经贸职业技术学院烹饪工艺与营养专业带头人
侯邦云	云南能源职业技术学院现代服务产业学院院长
俞　彤	河源职业技术学院工商管理学院院长
姜　旗	兰州现代职业学院财经商贸学院院长
柴　林	浙江农业商贸职业学院旅游烹饪系主任
高小芹	三峡旅游职业技术学院酒店烹饪学院院长
高敬严	长垣烹饪职业技术学院烹饪工艺与营养学院院长
崔德明	长沙商贸旅游职业技术学院党委副书记、校长
屠瑞旭	南宁职业技术学院健康与旅游学院党委书记、院长
韩昕葵	云南旅游职业学院烹饪学院院长
魏　凯	山东旅游职业学院副院长

加强餐饮教材建设，提高人才培养质量

　　餐饮业是第三产业的重要组成部分，改革开放40多年来，随着人们生活水平的提高，作为传统服务性行业，餐饮业在刺激消费、推动经济增长方面发挥了重要作用，在扩大内需、繁荣市场、吸纳就业和提高人们生活质量等方面都做出了积极贡献。就经济贡献而言，2022年，全国餐饮收入43941亿元，占社会消费品零售总额的10.0%。全国餐饮收入增速、限额以上单位餐饮收入增速分别相较上一年下降24.9%、29.4%，较社会消费品零售总额增幅低6.1%。2022年餐饮市场经受了新冠肺炎疫情的冲击、国内经济下行等多重考验，充分展现了餐饮经济韧性强、潜力大、活力足等特点，虽面对多种不利因素，但各大餐饮企业仍然通过多种方式积极开展自救，相关政策也在支持餐饮业复苏。目前餐饮消费逐渐复苏回暖，消费市场已初现曙光。党的二十大吹响了全面建设社会主义现代化国家、全面推进中华民族伟大复兴的奋进号角，作为人民基本需求的饮食生活，餐饮业的发展与否，不仅关系到能否在扩内需、促消费、稳增长、惠民生方面发挥市场主体的重要作用，而且关系到能否满足人民对美好生活的需求。

　　一个产业的发展离不开人才支撑。科教兴国、人才强国是我国发展的关键战略。餐饮业的发展同样需要科教兴业、人才强业。经过60多年，特别是改革开放后40多年的发展，目前餐饮烹饪教育在办学层次上形成了中等职业学校、高等职业学校、本科（职业本科和职业技术师范本科）、硕士、博士五个办学层次，在办学类型上形成了烹饪职业技术教育、烹饪职业技术师范教育、烹饪学科教育三个办学类型，在举办学校上形成了中等职业学校、高等职业学校、高等师范院校、普通高等学校的办学格局。

　　我曾经在拙著《烹饪教育研究新论》后记中写道：如果说我在餐饮烹饪领域有所收获的话，有一个坚守（30多年一直坚守在餐饮烹饪教育领域）值得欣慰，有两个选择（一是选择了教师职业，二是选择了餐饮烹饪专业）值得庆幸，有三个平台（学校的平台、教育部平台、非政府组织（NGO）——行业协会平台）值得感谢。可以说，"一个坚守，两个选择，三个平台"是我在餐饮烹饪领域有所收获的基础和前提。

　　我从行政岗位退下来后，时间充裕了，就更加关注餐饮烹饪教育，探讨餐饮烹饪教育的内在发展规律，并关注不同层次餐饮烹饪教育的教材建设，特别感谢华中科技大学出版社给了我一个新的平台。在这个平台，一方面我出版了专著《烹饪教育研究新论》，把30多年的教学和科研经验及体会呈现给餐饮烹饪教育界；另一方面我与出版社共同承担了2018年在全国餐饮职业教育教学指导委员会立项的重点课题"基于烹饪专业人才培养目标的中高职课程体系与教材开发研究"（CYHZWZD201810）。该课题以培养目标为切入点，明晰烹饪专业人才的培养规格；以职业技能为结合点，确保烹饪人才与社会职业的有效对接；以课程体系为关键点，通过课程结构与课程标准精准实现培养目标；以教材开发为落脚点，开发教学过程与生产过程对接、中高职衔接的两套烹饪专业课程系列教材。这一课题的创新点在于研究与编写相结合，中职与高职同步，学生用教材与教师用参考书相联系。编写出的中职、高职烹饪专业系列教材，解决了烹饪专业理论课程与职业技能课程脱节，专业理论课程设置重复，烹饪技能课交叉，职业技能倒挂，中职、高职教材内容拉不开差距等问题，是国务院《国家职业教育改革实施方案》完善教育教学相关标准中"持续更新并推进专业目录、专业教学标准、课程标准、顶岗实习标准、实训条件建设标准（仪器设备配备规范）建设和在职业院校落地实施"这一要求在餐饮烹饪职业教育落实的具体举措。《烹饪教育研究新论》和重点课题均获中餐科技进步奖一等奖。基于此，时任中国烹饪协会会长、全国餐饮职业教育教学指导委员会主任委员姜俊贤先生向全国餐饮烹饪院校和餐饮行业推荐这两套烹饪专业教材。

进入新时代，我国职业教育受到了国家层面前所未有的高度重视。在习近平总书记关于职业教育的系列重要讲话指引下，国家出台了系列政策，国务院《国家职业教育改革实施方案》（简称职教 20 条），中共中央办公厅、国务院办公厅《关于推动现代职业教育高质量发展的意见》（简称职教 22 条），中共中央办公厅、国务院办公厅《关于深化现代职业教育体系建设改革的意见》（简称职教 14 条），以及新的《中华人民共和国职业教育法》颁布后，职业教育出现了大发展的良好局面。

在此背景下，餐饮烹饪职业教育也取得了令人瞩目的进展，其中从 2021 年 3 月教育部印发的《职业教育专业目录（2021 年）》到 2022 年 9 月教育部发布的《职业教育专业简介》（2022年修订），为餐饮类专业提供了基本信息与人才培养核心要素的标准文本，对于落实立德树人的根本任务，规范餐饮烹饪职业院校教育教学、深化育人模式改革、提高人才培养质量等具有重要基础性意义，同时为餐饮烹饪职业教育的发展提供了良好的契机。

新目录、新简介、新教学标准，必然要有配套的新课程、新教材。国家在教学改革方面反复强调"三教"改革。当前，以职业教育教师、教材、教法为主的"三教"改革进入落实攻坚阶段，成为推进职业教育高质量发展的重要抓手。教材建设是其中一个重要的方面，国家对教材建设提出"制定高职教育教材标准""开发教材信息化资源"和"及时动态更新教材内容"三个核心要求。

进入新时代，适应新形势，达到高标准，我们启动新一批教材的开发工作。它包括但不限于新版专业目录下的第一批中高职教材（2018 年以来）的提档升级，新开设的职业本科烹饪与餐饮管理专业教材的编写，相关省、市、地方特色系列教材以及服务于餐饮行业和饮食文化等方面教材的编写。与第一批教材建设相同，第二批教材建设也是作为一个体系来推进的。

一是以平台为依托。教材开发的最终平台是出版机构。华中科技大学出版社（简称"华中出版"）创建于 1980 年，是教育部直属综合性重点大学出版社，建社近 40 年来，秉承"超越传统出版，影响未来文化"的发展理念，打造了一支专业化的出版人才队伍和具备现代企业管理能力的职业化管理团队。在教材的出版上拥有丰富的经验，每年出版图书近 3000 种，服务全国 3000 多所大中专院校的教材建设。该社于 2018 年全方位启动餐饮类专业教材的策划和出版，已有中职、高职专科、本科三个层次若干种教材问世，并取得了令人瞩目的成绩。目前该社已有餐饮类"十三五"职业教育国家规划教材1种，"十四五"职业教育国家规划教材7种，"十四五"职业教育省级规划教材7种。特别令人欣慰的是，编辑团队已经不再囿于传统方式编写和推销教材，而是从国家宏观层面把握教材，到中观层面研究餐饮教育规律，最后从微观层面使教材编写与出版落地，服务于"三教"改革。

二是以团队为根本。不同层次、不同课程的教材要服务于全国餐饮相关专业，其教材开发者（编著者）应来自全国各地的院校、教学研究机构和行业企业，具有代表性；领衔者应是这一领域有影响力的专家，具有权威性；同时考虑编写队伍专业、职称、年龄、学校、行业企业、研究部门的结构，最终通过教材建设，形成跨地区、跨界的某一领域的编写团队，达到建设学术共同体的目的。

三是以项目为载体。编写工作项目化，教材建设不只是就编而编，而是应该将其与科研、教研项目有机结合起来，例如，高职本科"烹饪与餐饮管理"专业系列教材就是在哈尔滨商业大学承担的第二批国家级职业教育教师教学创新团队（烹饪与餐饮管理专业）与课题研究项目的基础上开展的。高职"餐饮智能管理"专业系列教材是基于长沙商贸旅游职业技术学院承担的第二批国家级职业教育教师教学创新团队（"餐饮智能管理"专业）和上述哈尔滨商业大学课题研究项目的子课题。还有全国、各省（自治区、直辖市）成立的餐饮烹饪专业联盟、餐饮（烹饪）职教集团、共同体的立项；一些地区在教育行政部门、教育研究部门、行业协会以及学校自身等立项，达到"问题即是课题，课题解决问题"的目的。

四是以成果为目标。从需求导向、问题导向再到成果导向，这是教材开发的原则，教材开发不是孤立的，故成果是成系列的。在国家政策、方针指引下，国家层面的专业目录、专业简介框架下，形成专业教学标准、具有地方和院校特色的人才培养方案、课程标准、教学模式和方法。形成成果的内容如下：确定了中职、高职专科、本科各层次培养目标与规格；确定了教材中体现人才培养中的中职技术技能、高职专科高层次技术技能、本科高素质技术技能三个层次的形式；形成了与教材相适应的项目式、任务式、案例式、行动导向、工作过程系统化、理实一体化、实验调查式、模拟式、导学式等教学模式。成果的形式应体现教材的新形态，如工作手册式、活页式、纸数融合、融媒体，特别是要吸收VR、AR，可视化、智能化、数字化技术。这些成果既可以作为课题的一部分，也可以作为论文、研究报告等单项独立的成果，最后都能物化到教材中。

五是以共享为机制。在华中出版的平台上，以教材开发为抓手，通过组成全国性的开发团队，在项目实施中通过对教育教学开展系列研究，把握具有特色的餐饮烹饪教育规律，形成共享机制，一方面提升教材开发团队每一位参与者的综合素质，加强团队建设；另一方面新形态一体化教材具有科学性、先进性、实用性，应用于教学能大大提高餐饮烹饪人才培养质量。做到教材开发中所形成的一系列成果被教材开发者、使用者等所有相关者共享。

党的二十大报告指出，统筹职业教育、高等教育、继续教育协同创新，推进职普融通、产教融合、科教融汇，优化职业教育类型定位。中共中央办公厅、国务院办公厅《关于深化现代职业教育体系建设改革的意见》提出了"一体、两翼、五重点"，"一体"是探索省域现代职业教育建设新模式；"两翼"是打造市域产教融合体，打造行业产教融合共同体；"五重点"包括提升职业学校关键办学能力、加强"双师型"教师队伍建设、建设开放型区域产教融合实践中心、拓宽学生成长成才通道、创新国际交流与合作机制。其中重点提出要打造"四个核心"，即打造职业教育核心课程、核心教材、核心实践项目、核心师资团队。这为我们在餐饮烹饪职业教育上发力指明了方向。

随着经济社会的快速发展，餐饮业必将迎来更加繁荣的时代。为满足日益发展的餐饮业需求，提升餐饮烹饪人才培养质量，我们期待全国餐饮烹饪教育工作者紧密合作，与餐饮企业家、行业专家共同推动餐饮业的快速发展。让我们携手，共同推动餐饮烹饪教育和餐饮业的发展，为建设一个富强、民主、文明、和谐、美丽的社会主义现代化强国贡献力量。

博士，教授，博士生导师
哈尔滨商业大学中式快餐研究发展中心博士后科研基地主任
哈尔滨商业大学党委原副书记、副校长
全国餐饮职业教育教学指导委员会副主任委员
中国烹饪协会餐饮教育工作委员会主席

党的二十大报告指出，要深入实施人才强国战略，努力培养造就更多大师、战略科学家、一流科技领军人才和创新团队、青年科技人才、卓越工程师、大国工匠、高技能人才。为了在教材中全面、准确地落实党的二十大精神，充分发挥教材的铸魂育人功能，为培养德智体美劳全面发展的社会主义建设者和接班人奠定坚实基础，本书践行"三全育人"的理念，以立德树人为根本任务，守正创新，强化素养，融入课程思政，以期将为党育人、为国育才的思想贯穿于技术技能人才培养的全过程。

本书根据《习近平新时代中国特色社会主义思想进课程教材指南》要求，认真贯彻党的二十大精神，以落实立德树人根本任务为宗旨，注重素养培养，充分体现产教融合理念，紧密结合餐饮行业需求，以培养满足市场需求的复合型人才为目标进行编写，旨在引导学生通过学习逐步掌握美术基础的基本理论和基本技能，培养学生的构图能力、造型能力和审美能力，为今后的烹饪实践做准备。本书贯彻科学性、实用性、先进性、规范性等编写原则，针对行业需要，以能力为本位，以就业为导向，以学生为中心，力图培养学生的综合职业能力和创新精神。

本书内容根据职业院校餐饮类专业教学的规范和要求，同时结合学生实际学习情况进行合理编排。本书以烹饪行业适用性为基础，紧紧把握职业教育所特有的基础性、可操作性和实用性等，以满足烹饪教育的需要、培养烹饪应用型人才为目标，是一本专业基础课程教材。

本书由江苏旅游职业学院许磊、山东城市服务职业学院夏琳、广西商业技师学院何艳军担任主编，西安商贸旅游技师学院白冬宇、大连市烹饪中等职业技术专业学校王典、江苏旅游职业学院张晶晶、山东城市服务职业学院原静、广西商业技师学院冯奕东担任副主编，江苏旅游职业学院兰锦、赵莹莹、陆乐、眭佳、陆娴、蔡雨阳，山东城市服务职业学院吕泽辉、马荧良、温宝莉、张曼颖，广西商业技师学院王倩、王蓓、练勋慧，陕西旅游烹饪职业学院客座教授周华成，扬州中瑞酒店职业学院张丹绘参与教材编写。

本教材的编写得到了总主编杨铭铎教授的倾心指导和鼎力支持。基于他首次提出的不同层次烹饪专业美学素养，构建了编写框架和内容，在样章审定、书稿审校，尤其是对项目一、项目二、项目三的具体内容，都给予了耐心细致的指导和修改，付出了大量心血。本书在编写过程中参考了相关文献，还得到了餐饮行业诸多大师的大力支持和技术指导，在此一并表示感谢。

由于编者水平有限，书中如有不足之处，敬请专家、读者批评指正。

编 者

网络增值服务

使用说明

欢迎使用华中科技大学出版社教学资源服务网

① 教师使用流程

（1）登录网址：**http://bookcenter.hustp.com**（注册时请选择教师用户）

注册 ＞ 登录 ＞ 完善个人信息 ＞ 等待审核

（2）审核通过后，您可以在网站使用以下功能：

浏览教学资源　　建立课程　　管理学生　　布置作业　查询学生学习记录等

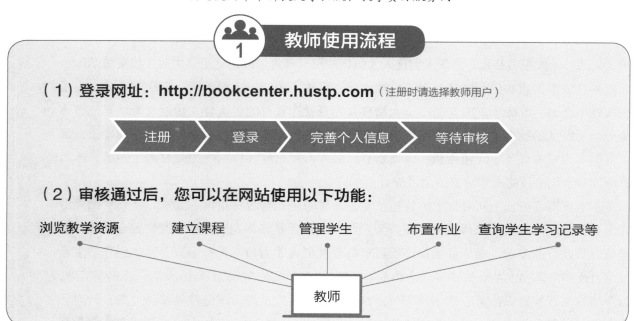

教师

② 学员使用流程

（建议学员在PC端完成注册、登录、完善个人信息的操作。）

（1）PC端操作步骤

①登录网址：**http://bookcenter.hustp.com**（注册时请选择普通用户）

注册 ＞ 登录 ＞ 完善个人信息

②查看课程资源：（如有学习码，请在个人中心－学习码验证中先验证，再进行操作。）

选择课程

首页课程 ＞ 课程详情页 ＞ 查看课程资源

（2）手机端扫码操作步骤

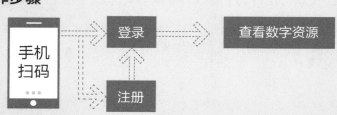

手机扫码　　登录　　查看数字资源

注册

目 录
CONTENTS

Note

模块一

烹饪工艺美术知识模块

项目一 认识烹饪工艺美术

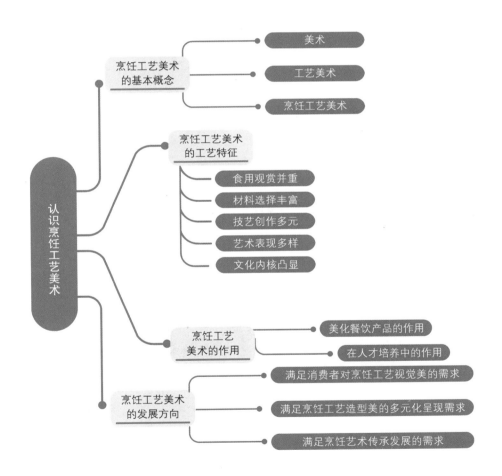

认识烹饪工艺美术

- 烹饪工艺美术的基本概念
  - 美术
  - 工艺美术
  - 烹饪工艺美术
- 烹饪工艺美术的工艺特征
  - 食用观赏并重
  - 材料选择丰富
  - 技艺创作多元
  - 艺术表现多样
  - 文化内核凸显
- 烹饪工艺美术的作用
  - 美化餐饮产品的作用
  - 在人才培养中的作用
- 烹饪工艺美术的发展方向
  - 满足消费者对烹饪工艺视觉美的需求
  - 满足烹饪工艺造型美的多元化呈现需求
  - 满足烹饪艺术传承发展的需求

扫码看课件

项目描述

　　烹饪工艺美术属于特殊的艺术门类，它是一门通过烹饪原料、烹饪手段和专业技巧进行菜点设计制作的实用美术，是研究以食用为目的色彩和造型的表现艺术，是各类院校烹饪专业的必修课程，涵盖了色彩应用学、造型艺术学、文学、心理学、审美学、历史学和烹饪科学技术，是一门综合性很强的基础课程。这门课程可以培养学生的审美鉴赏力和艺术修养，提高审美情趣。本项目以烹饪工艺美术基本知识为出发点，挖掘烹饪与美的密切关系和渊源，阐述烹饪工艺美术的特点、作用与发展方向，以指导学生更好地领悟美学知识，提升学生对烹饪技艺的美学运用能力，并能分析鉴赏受大众欢迎的菜点，使学生在审美享受中，心灵得到陶冶，艺术修养得到提高。

项目目标

1. 掌握烹饪工艺美术的基本概念。
2. 通过对烹饪工艺美术概念的理解，应用相关知识点阐述烹饪工艺美术的特征和作用。
3. 结合实际，明确烹饪工艺美术的作用和发展方向。

职业能力问题导入

1. 尝试探索烹饪工艺美术在餐饮业中的应用。
2. 试述学习烹饪工艺美术的重要性。

知识准备

在学习本项目前，配合教学内容阅读烹饪工艺美术的相关书籍，锻炼对烹饪美感的感知鉴赏能力与应用能力。

项目实践

1. 寻找生活中让你感知到美感的画面，并绘制出来。
2. 选择一道在造型方面喜爱的菜点，结合烹饪工艺美术的基本知识对其进行分析并进行汇报。

项目导入

人类文明需要美，饮食生活也需要美，用烹饪加工去追求美，是人类美化生活的一种表现形式。作为烹饪工作者，需要不断学习，掌握烹饪工艺美术的一些基础理论与基本技能，并运用烹饪工艺，以人们对美食的追求规律为主线，制作色、香、味俱佳的食物，通过饮食，人们得到物质与精神上的满足，真正体会到烹饪是"美的艺术"。

知识精讲

一、烹饪工艺美术的基本概念

（一）美术

美术是艺术的一个门类。从广义上讲，美术包括绘画、雕塑、建筑艺术、工艺美术（实用美术、现代设计）。美术也可称为造型艺术，因为美术的基本特征就是造型性，如绘画者用线条、明暗、色彩来塑造对象，雕刻者用石头、金属、木头、泥巴等材料创造出占有一定空间、静止的艺术形象。人们在欣赏美术作品的艺术形象时犹如目睹其人、其景、其物。美术是一种以视觉艺术为主要表现方式的艺术形式。绘画、雕塑、摄影、书法等艺术形式，可展现出创作者对客观世界的感受、思想、情感等。美术作品的特点是视觉性、形式美等。

美术起源于古代，最早的美术作品可以追溯到远古时期的洞穴壁画，这些壁画反映了人类对生活的认知和探索，也展现了古代文明的风貌。在历史的长河中，各个时期和文化背景的美术风格各异，有古希腊和古罗马时期的古典主义美术，有中世纪时期的哥特式美术，有文艺复兴时期的人文主义艺术，还有印象派和现代艺术等各种不同风格和流派。

在现代，美术发展出了多种多样的艺术形式，涵盖了许多不同的领域，如插画、动画、平面设计、装置艺术、数字艺术等。美术不仅在视觉上给人以美的享受，同时也具有文化和历史意义，可以反映一个社会、一个民族的文化底蕴和审美取向。

（二）工艺美术

工艺美术是一种综合性的艺术形式，其以手工技艺为基础，通过对材料、色彩等方面的处理，创造出具有审美价值的艺术品。它既是一种艺术表现方式，也是一种文化传承和创新的载体。工艺美术的发展可以追溯到古代文明时期，人类通过手工制作石器、陶器等物品，表达出对生活的理解和追求。随着社会的不断进步和文化的交流，工艺美术逐渐成为一门独立的学科，并在不同文化背景下形成了各具特色的风格。

工艺美术的创作涉及多个领域，如陶瓷、木器、金属器、漆器、织品等。每个领域都有其独特的工艺技法和表现手法。例如，在陶瓷领域，工艺美术家通过精湛的捏塑、刻画和施釉技巧，创作出具有艺术感和实用性的陶瓷器。而在木器领域，工艺美术家则通过雕刻、拼接等工艺，将木材转化为具有装饰性和实用性的家具和工艺品。

工艺美术是一个广义的概念，它包括对人们的生活（如衣、食、住、行等）各个方面的美术加工，旨在对人们的生活用品和生活环境进行美化。从用途划分，工艺美术可分为生活日用品和装饰欣赏品；从制作划分，工艺美术可分为手工制品、机器产品和电脑产品；从性质划分，工艺美术可分为传统工艺、民间工艺和现代工艺。通常则是根据材料来分类，如染织工艺、陶瓷工艺、金属工艺、漆器工艺、木制工艺、玻璃工艺、塑料工艺等。就工艺美术的创造过程而言，工艺美术包括设计和制作两个阶段。所以，工艺美术既不只是手工制作或传统制作产品，也不只是设计的范畴。工艺美术是生活和美学的结合，是艺术与科学的产物。工艺美术作为一种艺术实体，它具有物质和精神双重属性，它既是一种物质产品，又是一种精神产品。

（三）烹饪工艺美术

烹饪工艺美术是研究烹饪中美的规律性，以及人们对烹饪饮食审美的一门学科，它揭示了烹饪活动中美的创造。烹饪工艺美术是通过烹饪生产活动，对烹饪原料进行审美加工，制成物质产品和精神产品的一种实用美术，属于实用工艺美术范畴，也是一种特殊的实用工艺。

在烹饪工艺美术的研究中，筵席菜点作为媒介，使制作者与食者之间产生共鸣，体现了制作者与食者对美的合声，对美的共同追求。烹饪工艺美术自始至终贯穿于烹饪实践的全过程，不管是高档的筵席酒会上精致讲究的菜点、玲珑剔透的食品雕刻，还是大众化的菜点，都离不开烹饪工艺美术的相关知识。正确认识、深入理解烹饪工艺美术的艺术观，并在实践中合理地运用，是当前烹饪工作者刻不容缓的任务。人的食欲因生理条件所限，总有一定的"量"和"度"，因此人的食欲享受是有限的，而艺术享受是无限的。

随着人们物质生活水平的不断提高，人类社会不但需要烹饪，更需要用烹饪艺术方法去

丰富烹饪、美化烹饪、提高烹饪。目前，餐饮业虽然创新了不少艺术菜点，也出现了许多色彩、造型、用料、口味与工艺和谐统一的好作品，但仍存在着许多不足。就整体而言，烹饪艺术与其他艺术相比，差距还很远。不少筵席菜点的造型不美、质量不高，刻意追求菜点外观的形式化倾向仍然客观存在。一些烹饪工作者对烹饪工艺美术的理解不到位，无论是冷菜还是热菜，都点缀上几朵雕刻小花。如此一来不仅提升不了菜点的格调，反而使菜点显得俗气。

二、烹饪工艺美术的工艺特征

烹饪工艺美术将美术知识和表现手法，如图案艺术、色彩艺术、造型艺术运用到烹饪中。此外，它还研究烹饪器具与菜点的搭配、筵席布局设计、餐饮环境设计、美食产品包装等，使自然美与艺术美巧妙结合起来。烹饪工艺美术的工艺特征如下。

（一）食用观赏并重

中国人历来讲究烹饪之美。从烹饪艺术角度看，中国菜点讲究色、香、味、形、器的协调和统一，从视觉、嗅觉、味觉、触觉等方面满足了人们的审美需求，以达到养生保健的目的。视觉是人类首当其冲的感觉。观赏是视觉过程，是人类生存中基本而又奥妙的经历，以致我们把所有的精神活动都与视觉联系在一起。"色恶不食""秀色可餐""赏心悦目""观之者动容，味之者动情"等经典语句，说明视觉的作用实际上已影响到我们的认识、思维和感觉。烹饪工艺美术讲究欣赏与食用并存，将艺术之美赋予烹饪之中，是精神与物质的统一，是人类生活水平提高的表现。

（二）材料选择丰富

俗话说，"巧妇难为无米之炊"。"米"就是指烹饪原料。烹饪原料是整个烹饪活动的基础。烹调工艺中首道工序就是原料的选择，原料的选择是否合理，不仅影响菜点的色、香、味、形，还会影响到菜点的成本控制和人们的身体健康。中国拥有悠久的历史和丰富的文化，农业和饮食文化则是其中非常重要的一部分。这种深厚的文化底蕴使得中国在种植业、烹饪

美食等方面积累了丰富的经验，进而使中国的食材种类繁多且独具特色。而烹饪工艺美术作为中国烹饪教育体系中的一门基础课程，深入探究了烹饪工艺与造型艺术之间的联系。能够体现菜点造型艺术的原料往往很多，选择范围广，种类丰富，这就使我国广大烹饪工作者对原料有了更多选择，能把菜点造型做出特色，做出亮点。例如，在"螃蟹戏水"这道菜中，需要制作出造型生动的螃蟹形象，烹饪工作者就要选择适用于制作螃蟹的各种烹饪原料，如鸡脯肉、鱼肉、虾肉等，然后制泥加以佐料辅助，保证螃蟹口味的鲜美。最后装入模具中蒸

制成熟，配以高汤后装盘，组成一道完美的汤菜"螃蟹戏水"。

（三）技艺创作多元

在当今的餐饮业中，烹饪艺术已经成为许多高端餐厅争相追逐的核心竞争力。尤其是中国烹饪艺术，其以独特的烹调技巧和精湛的刀工技艺而著称。在烹饪过程中，中国烹饪工作者注重对火候的掌握、调料的搭配以及刀工的灵活运用，使原料的原汁原味得以最大限度保留。无论是炖、煮、炒、炸，还是蒸，中国烹饪工作者都能熟练地将各种原料处理得恰到好处。这种精湛的技艺不仅提升了菜点的质量，也为中国烹饪艺术赢得了世界范围内的赞誉。例如，"富贵鲍"这道菜，中国烹饪工作者不仅利用其精湛的烹饪刀工技艺和对火候的掌握来制作，在造型装盘时，还巧妙地融入了烹饪工艺美术，使这道菜看非常符合视觉美、艺术美的要求。

（四）艺术表现多样

中国烹饪艺术虽然受到烹饪原料、烹饪技艺、餐饮产品实用功能等因素的制约，具有相对的局限性，但它与其他艺术种类相比较，有自己的艺术特点，即融绘画、雕塑、装饰、园林等艺术形式于一体。中国烹饪艺术的表现形式多种多样，通过菜点本身的色、香、味、形与筵席组合即可窥见一斑。人们常把前者概称为味觉艺术，将后者称为筵席艺术。味觉艺术是指审美对象广义的味觉。中国烹饪的烹与调，运用调味物质，以烹饪原料和水为载体，表现味的个性，进行味的组合，巧妙地反映味外之味和乡情乡味，来满足人们生理、心理的需要，展示以实用与美观相结合为核心的烹饪艺术。而筵席艺术是中国烹饪艺术的又一表现形式。一份精心设计编制的筵席菜单，对菜点色、香、味、形的组合，餐具饮器的配置，烹饪技法的运用，菜肴、羹汤、点心的排列，菜点总体的风味特色，都有周密的安排。

中国烹饪艺术是在烹饪发展过程中逐渐形成、发展并丰富起来的，具有实用价值与审美价值紧密结合的特点。如陶制炊器的器形从实用性出发，本意为放置平稳，受热均匀，却给人以对称、均衡美的感受。随着物质生产的发展和社会生活的进步，烹饪逐渐具有审美性质，直至发展出实用与审美并重的各种花色造型菜点及丰盛华丽的筵席。

（五）文化内核凸显

烹饪是中华文化的重要组成部分，不仅体现了丰富的饮食技艺和独特的美学特征，更融合了深厚的文化底蕴和人文精神。它包含烹饪技术、烹饪生产活动、烹饪生产出的各类菜点、饮食消费活动以及由此衍生出的众多精神产品。中国饮食文化具有鲜明的民族特色和浓郁的东方魅力，主要表现为以味的享受为核心、以饮食养生为目的的和谐与统一。中国烹饪不仅技术精湛，而且有讲究菜点美感的传统，注重菜肴的色、香、味、形、器协调一致，给人以精神和物质高度统一的特殊享受。在中国烹饪中讲究美感的特点恰是烹饪工艺美术的体现。中国八大菜系中的江苏菜，起始于南北朝时期。江苏菜用料广泛，刀工精细，烹调方法多样，擅长炖、焖、煨、焐；追求本味，清鲜平和；菜点风格雅丽，形质均美。很多名菜名点不仅文化内涵突出，其烹饪技艺也独具一格。如经典名菜"文思豆腐"，由扬州天宁寺文思和尚所创制，后经历代厨师传承，如今刀工精细，豆腐细如发丝，美如画。

三、烹饪工艺美术的作用

烹饪工艺美术是一种不可忽视的艺术形式。在我们的日常生活中，它不仅为我们提供了饮食，更为我们带来了一系列的感官体验，包括视觉、味觉、嗅觉及触觉等方面的感受。因此，烹饪工艺美术不仅涉及制作美味菜点的技能，同时也涉及材料的选择、设计的美学、规划的组合及工艺的创新等方面。烹饪工艺美术在烹饪中起到了至关重要的作用，具体如下。

（一）美化餐饮产品的作用

美的概念早期是指舞蹈伸展四肢、自由自在的形象，现在已被引申为能够给人带来美好感受的客观事物。烹饪工艺美术是实用的工艺美术，其把美学的理论知识融入烹饪的技术领域中，从菜点的制作到盛器的搭配、菜点的名称都能够体现出烹饪工作者的审美能力，反映出烹饪中美的内涵。在饮食中展示餐饮产品需要利用各种可食用的烹饪原料，根据烹饪工作者自身的审美能力塑造出各种栩栩如生、姿态各异的艺术形象。例如，"国色石榴香"这道菜，不仅要塑造出造型逼真的"石榴"，还要对"石榴"的制作原料、制作工艺、调味进行深入的研究，使这道菜在保持口感好的同时，又呈现出富有意蕴的场景，提升人们的视觉享受。因此，以食用为目的地美化筵席菜点，是烹饪工艺美术的首要特点。

（二）在人才培养中的作用

通过学习烹饪工艺美术，烹饪工作者可以培养审美能力，提高审美情趣。烹饪工作者结合其审美情趣和文化内涵，运用各种烹饪技法，可将原料加工成色、香、味、形、质俱佳的菜点。通过学习烹饪工艺美术，烹饪工作者的心灵得到陶冶，艺术修养得到提高。烹饪工艺美术的功底是衡量烹饪工作者技术水平的重要标志，与烹饪工作者的业务进步关系很大。学习烹饪工艺美术能引导和帮助烹饪工作者树立正确的审美观念和审美情趣，还可以指导烹饪工作者参与烹饪实践活动，逐步提升艺术表现力和创造力。这种具有创造性的实践活动，既能展示烹饪美，也能体现出烹饪工作者对美的表现力和创造力。

四、烹饪工艺美术的发展方向

烹饪工艺美术是一门综合性的学科，它可以将不同国家、不同地区的饮食文化融合在一起，创造出更具多样性和文化特色的菜点和美食艺术品。在未来，我们可以看到更多的跨文化交流和饮食文化的融合，这将有助于推动不同国家、地区和文化之间的理解和合作，促进文化交流和跨文化沟通。同时，随着人们对健康饮食和可持续生活方式的关注不断增加，烹饪工艺美术也在积极地寻求新的解决方案和技术，以满足人们的需求。我们可以预见，随着烹饪工艺美术的应用，更健康、更环保的菜点将会不断被推出，促进可持续的健康生活方式的发展。

（一）满足消费者对烹饪工艺视觉美的需求

烹饪是一门艺术，是一种复杂而有规律地将原料转化为菜点的加工过程。人们对食物的需求原本出自本能，也就是"民以食为天"所概括的道理。衣食住行是保障人类生存的基本条件，其中最为关键的因素当属"食物"。当人类处于食不果腹或"营养不良"的状态下，衣饰、居室、出行等因素都会退而次之，毕竟人类的生命活动所需的能量主要来自食物。当饮食文化发展到今天，尤其是在物质生活达到一定水平后，人们对食物需求的最初概念被打破，开始追求食物的视觉美，对食物视觉美的需求无疑就是对食物色和形的要求。色、形同属视觉艺术的范畴，其先于质、味出现，又最先映入食者的眼帘，可谓先色后形，先形后味。"色"和"形"是烹饪的仪表和容貌，属于烹饪工艺美术的重要表现部分。烹饪工作者运用不同的刀法和不同的面点技法可以创造出各种形状的菜肴与点心，不仅造型具有艺术美，口味还别具一格，如扬州著名面点"翡翠烧卖"。大众化的烧卖以糯米为主料制作而成。随着生活水平的提高，人们逐渐追求营养与健康，所以烹饪工作者们发明了"翡翠烧卖"：将青菜作为馅心加以调味，包入皮薄如纸的烧卖皮中，制成花瓶状，烧卖顶部再点缀上火腿末。经过蒸制，碧绿的菜馅透到表皮，呈现清新淡雅的绿色，配以火腿的红色，体现出这道面点的色、形之美。

（二）满足烹饪工艺造型美的多元化呈现需求

随着全球化的不断推进，人们对美食的需求也变得更加多元化。消费者期望感受到不同国家和地区的美食文化，体验不同口味和风味的食物，对烹饪工艺造型美的需求增强，因此烹饪行业需要不断进行创新和变革，推出更加个性化和多样化的美食产品。而烹饪工艺美术致力于探索烹饪造型的艺术规律，尤其有助于人们对烹饪工艺造型美的认识，有助于烹饪工艺造型美的实践。因此，在烹饪工艺美术中，烹饪工艺造型设计是至关重要的。烹饪工作者们只有在深度探索和研究烹饪工艺美术的基础上加以创新，才能够给食客带来较好的个性化体验，满足食客的多元化需求。

（三）满足烹饪艺术传承发展的需求

世间有很多美好的元素，人们总是渴望感受美好，追求美好，人们追求美好的能量被感受美好的源动力激发。就餐饮业而言，人们对于菜点美的追求从未停歇，在色彩、造型、用料、口味及工艺和谐统一等方面不断探索，不断推出新的产品，使得烹饪工艺美术的民族民间遗存被不断地发掘、认识和传承，也使得烹饪工艺美术与时尚元素相结合，不断推陈出新，不断惊艳消费者。中国是有约五千年历史的文明古国，其中享誉全球的中国烹饪艺术科学地总结了多种相关学科的成果和知识，并逐渐发展成为一种综合性实用艺术。烹饪艺术中蕴藏着民族的审美心理和审美趣味。学习烹饪工艺美术是对我国传统烹饪文化的继承和弘扬。然而，烹饪艺术的传承和发展涉及多个方面，如文化价值的保护、技艺的传承和创新以及教育的普及等。因此，烹饪艺术的传承和发展只有从多个角度进行，才能满足行业所需，确保烹饪艺术的持续发展。

知识链接

扫码看答案

项目小结

　　本项目主要阐述烹饪工艺美术的基本概念，烹饪工艺美术的工艺特征和作用，以及烹饪工艺美术的发展方向。

同步测试

一、名词解释

烹饪工艺美术

二、简答题

1. 简述烹饪工艺美术的工艺特征和作用。
2. 简述烹饪工艺美术的发展方向。

项目二 领会烹饪产品美感内涵与形式美构成

思维导图

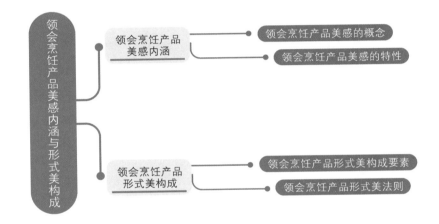

领会烹饪产品美感内涵与形式美构成
- 领会烹饪产品美感内涵
  - 领会烹饪产品美感的概念
  - 领会烹饪产品美感的特性
- 领会烹饪产品形式美构成
  - 领会烹饪产品形式美构成要素
  - 领会烹饪产品形式美法则

项目描述

　　烹饪产品美感形成的根源是烹饪实践活动。本项目介绍烹饪产品美感内涵与形式美构成，目的是带领大家通过探究烹饪产品的美感，掌握烹饪产品的形式美构成要素，理解、掌握烹饪产品的形式美法则并应用于实际。

项目目标

　　1. 了解烹饪产品美感的概念。
　　2. 通过对烹饪产品美感的理解，掌握烹饪产品美感的特性。
　　3. 掌握烹饪产品的形式美构成要素和形式美法则。

职业能力问题导入

　　1. 形式美的基本法则，形式美应用的范围分别包括哪些内容？
　　2. 结合烹饪产品美感的特性及形式美构成要素、形式美法则，将相关知识应用到烹饪实践活动中。

知识准备

在学习本项目前，配合教学内容搜集、阅读符合形式美造型的菜肴案例并进行分类比较，培养创作能力与应用能力。

项目实践

1. 在生活中寻找身边所能感受到的烹饪产品美感，指出美在哪里并绘制出来。
2. 结合烹饪产品的形式美构成要素、形式美法则写出自己的认知报告。

任务一　领会烹饪产品美感内涵

任务描述

烹饪产品美感是审美主体人面对经美化加工的产品即客体时，产生的赏心悦目、怡情乐性的心理状态。系统地学习和掌握烹饪产品美感的内涵、构成和特性，是烹饪工艺美术课程学习及餐饮企业工作中创作具有美感产品的必要前提。

任务目标

1. 了解烹饪产品美感的概念。
2. 掌握烹饪产品美感的构成与美感特性。

任务导入

烹饪是科学，是文化，还是艺术。在我国浩瀚的历史长河中，人们对饮食美的追求不乏其例。早在两千多年前《黄帝内经》中就提出"五谷为养，五果为助，五畜为益，五菜为充"，人们还强调食有五味，五味之变，不可胜尝，指出烹饪技术十分重要，对烹饪提出了很高的要求，要求制作出的菜点味美纯正，绚丽多彩。菜肴成品的色、香、味、形、质、意六大属性就横向构成了烹饪产品美感。这六种属性既紧密联系又各自呈现出来，色、形同属于视觉艺术的范畴，其先于质、味出现，又最先映入食者眼帘。

思考：烹饪产品美感如何解释？美感的基本形式如何体现？

知识精讲

美是一种艺术，也是一切艺术给人以吸引和诱惑的源泉；美是一种实物，也是一种无形的物质，只能给人类以感觉，这种感觉让人心旷神怡，令人心情轻松愉快。

烹饪产品的美感主要体现在质、味、触、色、香、形这六个方面。味觉上的美、视觉上的美、形态上的美都与烹饪密切相关。

一、领会烹饪产品美感的概念

烹饪产品美感主要是指烹饪产品的质、味、触、色、香、形所引起的审美反应。质、味、触、色、香、形这六个方面可以认为是美食的评判标准。

二、领会烹饪产品美感的特性

（一）综合性

烹饪产品美感的综合性是多种烹饪艺术在烹饪产品中的综合体现。烹饪产品美感以烹饪产品的质、味、触、色、香、形构成其基本特征，需要人的味觉、触觉、嗅觉、视觉等全面参与。中国烹饪技术精湛，不仅注重菜点的艺术美，还注重菜点间的搭配与协调。以动态宴饮过程为例，每道美食总是带给人们质、味、触、色、香、形等方面的刺激，这就涉及味觉、触觉、嗅觉、视觉等方面的感官活动。但上述仅仅是美感的基础构成要素，对于菜点美的深层次、全方位的感受，还需要感官的综合活动，产生感知、联想、想象、情感、理解等一系列高级审美心理活动，形成饮食美感。对于中国人来说，咸辣味具有质朴美感，淡甜味具有含蓄美感。另外，就餐地点布置的境美，就餐时空安排的序美以及贯穿于就餐过程的娱乐活动的趣美，三者正好构成一个心理空间。温馨的灯光、典雅的家具与观赏品、悦耳的音乐、具有艺术气息的摆台设计及科学的筵席菜点安排与服务节奏可以提高饮食本身的味觉、触觉、嗅觉效应，营造出愉快的饮食气氛，使人精神振奋。各种感觉所引起的生理心理活动与周围的情景融合在一起，使人们达到审美的最佳境界。

（二）整体性

烹饪产品美感的整体性体现为各感官感受的和谐统一。基于烹饪产品美感的综合性、直觉性，在具体的饮食审美过程中，多个美感层次最终统一于一个饮食对象，形成整体性感受。菜点和多种感受协调统一是构成菜点整体统一美不可或缺的重要组成部分。

烹饪产品美感要求菜点质、味、触、色、香、形的统一，相互补充，使菜点呈现美感特征。菜点的"质"指烹饪原料、成品的品质，是烹饪产品美的表现前提和基础；菜点的"味"指人们所体验到的食物美味和满足感，烹饪工作者在注重原料本味的同时，还要合理运用调料来调控味道的平衡，五味调和的搭配可以使菜点的味更加丰富；菜点的"触"主要指由温度引起的冷、热、烫的感觉（即温觉），由舌的主动触觉和咽喉的被动触觉构成；菜点的"香"会"先声夺人"使人产生食欲，烹饪工作者可根据不同的原料，采用不同的烹饪技法激发原料的香味；菜点的"色"代表菜点的光泽、颜色；菜点的"形"指菜点的形态。

1. **烹饪产品美感要求菜点与餐具的协调统一**　精美的餐具能够提升菜点的整体美感，给人以视觉上享受的同时，也能使人增加食欲。同时，餐具的设计风格多样，餐具造型各异，不仅能与各种不同的菜点搭配，还能体现地域饮食文化特色。因此，合理地使用餐具可以使菜点得到美化，同时也能够满足人们视觉上的需求。

2. 烹饪产品美感要求菜点与就餐环境的协调统一　用餐环境的设计不仅仅限于传统的餐桌和椅子，越来越多的餐厅开始打造别样的用餐环境，可以让人们在用餐的同时获得视觉、味觉、触觉等多重感官刺激，提升用餐的体验。因此，烹饪产品美感的整体性要求菜点符合就餐环境的设计与场景，增加人们用餐的趣味性，提升烹饪产品美感。

3. 烹饪产品美感要求菜点与进餐流程的协调统一　在餐饮体验中，菜点与进餐流程的协调是至关重要的。一个完美的餐饮体验不仅与人们对菜点的感受有关，还与整个用餐过程中的协调、配合有关。菜点的选择应该基于人们的口味偏好、饮食习惯及原料的新鲜程度。餐厅应该提供多样化的菜点，以满足不同顾客的需求。另外，烹饪产品美感还与进餐前的准备、上菜顺序及时机、菜点的温度及口感保持、进餐服务等有密切关系。

烹饪产品美感的整体性需要菜点在各个方面都做到尽善尽美，为食用者带来全方位的享受。

（三）直觉性

烹饪产品美感的直觉性是指审美主体在对烹饪产品的欣赏过程中，只需凭借审美对象的直观形式，而不需要借助抽象的推理或思考，就能立刻把握和领悟审美对象的美，是一种融理性于感性之中的认识方式。例如，欣赏一道菜肴时，我们不需要知道这道菜肴的营养成分、原料的优劣等，就能一下子为它明快的颜色、诱人的香味、爽滑的口感而倾心。正如车尔尼雪夫斯基所说，美感认识的根源无疑是在感性认识里面，但美感认识毕竟与感性认识有本质的区别。烹饪产品美感的直觉性虽离不开感觉、直觉等感性内容，却含有区别于感性认识的理性思维。其根本原因在于审美对象不仅具有生动可感的形象，还有对应于烹饪产品美感中的理性因素的内在本质和一定的生活内容。它们不是概念和逻辑推理，不是直接外露的，而是潜藏、沉淀在对美的感性形象的品评和体验之中。通过深入研究可知，烹饪产品美感之所以有这样的"寓理性于感性"的直觉性，其更深层次的内涵在于：在人类长期的饮食生活实践中，审美活动来源于人类长期从机体需要出发食用某类食物而逐步形成的对该类食物的饮食美感。长此以往，

人体的感受器形成了适合人类生存和发展的饮食审美自控系统，并与人体具有思维功能的逻辑系统相辅相成。

总之，烹饪产品美感的直觉性是由美的形象性所决定的。烹饪产品美感的直觉性是审美个体实践经验的一种顿悟性，可以直接影响审美个体的心情和食欲。例如，松鼠鱼不仅在装盘上体现出一种意境之美，而且具有酸甜可口、外酥里嫩的风味特点。

（四）文化性

烹饪文化承载了人们对食物的热爱。烹饪产品美感不仅体现在食物的外观上，更体现在其所蕴含的文化内涵上。不同的地域、民族，因历史、习俗、环境等不同，形成了独具特色的烹饪方式与审美观念。例如，中国的八大菜系各有千秋，从色彩、形状到口味，都体现了各地独特的文化韵味。而在西方国家，从法国菜点的精致到美国菜点的多元化，烹饪产品美感同样反映了烹饪文化的独特性。对烹饪产品美感的追求，实际上反映了人们对生活的热爱和尊重。每一道菜点，都是烹饪工作者心血和智慧的结晶，蕴含着他们对原料的敬畏、对工艺的执着、对美的不懈追求。因此，烹饪产品美感的文化性不仅体现在菜点的感官感受上，还体现在其文化内涵和历史积淀上。因此，我们应该更加重视烹饪产品美感，加强对文化的传承与弘扬。

（五）个体差异性

烹饪审美主体的个体差异性是指不同的个体在烹饪审美活动中的不同表现和反应。产生个体差异性的原因可以从原料选择和制作步骤两个方面来解释。

首先，从人的个体差异性来看，每个人的口味偏好不同。例如，有些人可能更喜欢使用新鲜的蔬菜和水果，而另一些人可能偏爱使用腌制或熏制的原料。此外，每个人的过敏食物或禁忌食物也不尽相同，这会影响人们对原料的选择和接受程度。

其次，从制作步骤方面来看，每个人的烹饪技能、文化艺术修养、生活经验、思想感情、道德观念以及特定的心境等因素不同，都会导致烹饪工作者在烹饪过程中对色彩、形状、味道、质地的把握有差异，从而影响最终的烹饪作品。

此外，一些人可能更喜欢使用现代的烹饪方法，而另一些人可能更喜欢使用传统的烹饪方法。这些不同的烹饪理念和技巧也会影响烹饪审美主体的审美活动。

综上所述，烹饪审美主体的个体差异性是由审美主体自身的审美能力、文化艺术修养、生活经验、思想感情、道德观念及特定的心境等因素的不同，以及对烹饪原料和制作步骤的不同理解和把握造成的。这些因素的综合作用，使得每个烹饪审美主体在烹饪审美活动中表现出独特的个性和差异性。

任务二　领会烹饪产品形式美构成

任务描述

通过探究烹饪产品形式美的构成要素，理解、掌握烹饪产品形式美法则；运用相关知识点，了解其应用范围并用于烹饪工艺美术的实践中。

任务目标

1. 通过对本任务的学习，系统地了解烹饪与美感的关系，领会烹饪产品的形式美。
2. 了解烹饪产品形式美的构成要素，理解烹饪产品形式美的特殊性。
3. 运用所学知识，结合实际了解烹饪产品形式美法则的应用范围。

任务导入

在学习本任务前，了解什么是烹饪产品的形式美，形式美的构成要素之间有什么关联性。
思考：烹饪工艺与烹饪产品形式美的关系是什么？烹饪产品形式美的内涵是什么？

知识精讲

美的形式是指表现在具体事物上的美的形象、样式，而形式美则是从具体的美的形式中抽象、概括出来的美的形象。两者之间是个别与一般、具体和抽象的辩证关系，即美的形式是具体、个别的形式美，而形式美则是概括、抽象的美的形式。形式美是烹饪工艺美术的一个重要范畴，它是客观规律在烹饪艺术创作中的具体应用。形式美是指客观事物外观形式的美。广义地讲，形式美就是美的事物的外在形式所具有的相对独立的审美特性，因而形式美表现为具体美的形式；狭义地说，形式美是指构成事物外形的物质材料的自然属性如色彩、形状、声音及它们的组合规律，如整齐、比例、对称、均衡、反复、节奏、多样的统一等所呈现出来的审美特性，即形式美是具有审美价值的抽象形式。也可以这样认为：我们对形式美的研究，实际上就是对客观事物形式规律的美学研究。在普遍的事物中，色彩、形状、声音是形式美构成的要素；在广义烹饪产品中，下述的"三特性十美"是形式美的构成要素；在造型（图案）烹饪产品中，色彩、形状、声音是形式美的构成要素。总之，烹饪产品的形式美，就是借物质来表达某一功能和内容的特殊形式，并以此为媒介激发人们对美的不同感受和情绪，与审美主体之间产生共鸣，共鸣的程度越大，感染力就越强，如有的餐饮产品设计使人感到雄伟，有的使人感到浪漫，有的使人感到优雅，有的使人感到亲切，有的使人感到喜庆，有的使人感到自由等。

一、领会烹饪产品形式美构成要素

（一）实质美（质美）

质美是烹饪产品的功能美部分，以烹饪原料和烹饪产品的营养丰富、质地精粹贯穿于饮食活动的始终，是烹饪产品形式美的前提和根本目的。由于烹饪原料既是各种营养素的载体，又是构成菜点"味美""触美""嗅美""色美""形美"的客观物质基础，烹饪原料本身的质美是"美食"创造的先决条件。餐饮生产者应坚持"资禀为据，择优选材"，保证烹饪原料本身没有受到任何生物性和化学性污染、没有发生腐败变质现象、富含合适营养素、不存在任何威胁人体健康的有害因素；保证菜点既符合现代营养学，又符合"养助益充""药食同源""食疗养生"等传统营养学理论的要求。

（二）感觉美

1. 味美　味美是中国烹饪技术的核心，与中国烹饪产品的口味众多、质地精粹是分不开的。人们参加宴会时，开始不免为烹饪产品的色彩、形状、香气所吸引，但烹饪产品是否是真正的美食，还要看其是否味美。烹饪产品若放弃或脱离了味美，成为色彩艳丽、形态动人、香气扑鼻但味觉差的东西，就不能称为美食，不能称为中国烹饪艺术。广义的味觉包括心理味觉和生理味觉，生理味觉又分为物理味觉和化学味觉，这里所指的味美是指化学味所产生的美感，即在人的口腔中，某些呈味物质与味觉感受器相互作用而产生的美感。中国烹饪的味可分为单一味（咸、酸、甜、苦、辣、鲜等）和复合物（鲜咸味、

酸甜味、甜辣味、甜咸味、香辣味、香咸味、麻辣味、怪味等）。味美不仅要求以自然科学为依据，应用调料和调味手段制作出纯正的单一味和复合味，而且要求各种味的有机配合符合美学规律。

2. 触美　触美是指进食烹饪产品的过程中其组织结构性能作用于口腔所呈现出的口感美。中国菜点品种成千上万，任何一种菜点都有各自特定的对"质"的要求。如"油爆双脆"要

求质"脆","冰糖湘莲"要求质"糯"，"东坡肉"要求质"酥烂"，达到要求方能体现出各自的特色，否则再好的调味也是枉然。

　　与此同时，触美又可分为嫩、脆、酥、爽、软、烂、柔、滑、松、粘、硬、泡、绵、韧等单一触感，以及脆嫩、软嫩、滑嫩、酥脆、爽脆、酥烂、软烂等复合触感。

　　3. 嗅美　嗅美是指烹饪产品以香气刺激人的鼻腔上部嗅觉细胞所呈现出的嗅觉美。根据分类标准的不同，嗅美的分类方式主要有两种。第一种分类是根据香味的来源，将嗅美分为天然香与烹调香。天然香是指食品原料天然呈现或经成熟而挥发出的香味，如肉香、谷香、蔬香、花香、果香等，而烹调香是指在烹调过程中，加入调料，并对火候、时间等因素进行控制，而形成的菜肴特殊香味。如炸以酥香引人、爆以浓香诱人、焖以鲜香招人、拌以清香袭人、烤以焦香迷人、炒以芳香惹人、糟以酒香醉人。第二种分类是根据香味本身的差异，将嗅美分为浓香（如红烧肉、烤乳猪之嗅美）、清香（如清蒸整鸡、炖芥菜之嗅美）、芳香（如松子肉、五香葱油鸭之嗅美）、醇香（如醉虾、糟鸡之嗅美）、异香（如佛跳墙、臭豆腐之嗅美）、鲜香（如炒鱼片、清炒莴苣之嗅美）、甘香（如甜烧白、铁扒禾花雀之嗅美）、幽香（如各色以花为原料的菜肴之嗅美）、干香（如卤鸡、熏鹅、酱鸭等卤制、熏酱菜之嗅美）等。

　　4. 色美　色美作用于人的视觉。颜色是自然现象又是文化现象，是构成烹饪产品形式美的要素之一。在烹饪艺术中，烹饪原料是丰富多彩的，再通过烹饪操作，烹饪原料的色彩朝着我们所需要的方向转化。红、黄、蓝三种基本色称为三原色。色彩的相貌称色相，标准色相有红、橙、黄、绿、青、紫六种。色彩根据其在色相环上的位置不同等，又可分为调和色、对比色、互补色、特性色、原色、间色等。色彩的感情性和表情性通常与色彩的联想和特征分不开。例如，红色使人想起火和血，因而带有热烈、兴奋的情绪，并给人以暑热之感，红色还能让人联想到成熟的果蔬（如苹果、番茄），给人以成熟、甘美、幸福之感，从而引起食欲；黄色使人想到灿烂的阳光，让人感到明朗和温暖；白色使人想起雪，并带有纯洁、清爽的意味；绿色使人想到绿色植物，产生春意盎然、欣欣向荣之感。一般来说，红色、橙色、黄色能使人视觉处于舒适状态，称为暖色。而蓝色、绿色使人视觉处于紧张状态，称为冷色。颜色深，显得沉重；颜色浅，显得轻柔。在菜肴中，颜色深则显得味咸，颜色浅则显得味淡。色彩的变化往往会影响就餐者的情绪，利用这些规律，合理地进行色彩配合，以追求烹饪产品的色美。

色美是指食品在其主辅料通过烹制和调味后显示出来的色泽，以及主料、辅料、汤料相互之间的配色所呈现出来的视觉美。具体而言，由于色彩是由其色相（即色彩名，如红、黄、蓝色）、明度（即色彩的明暗度）、饱和度（即色彩的纯度）三要素构成的，追求色美必须依据形式美法则，通过对食品色彩的调配和色调的处理，合理地进行色彩搭配。这样制成的食品自然纯真，不带半点矫饰，但显得华贵夺人、招人喜爱。从实用的角度来说，也符合卫生原则，有利于本味的发挥，制作也十分方便，是食品原本的色彩。

首先，食品色彩的调配是体现拼盘主题内容、决定色彩效果的一个重要环节。在色彩调配时应注意以下几点。

（1）调和色的配合。同一种色相或类似的色相所配合的色彩，是比较容易调和统一的，给人以朴素、明朗的感觉。如"口蘑扒油菜"一菜，浅黄色的口蘑和青绿色的油菜相配，不但口味相合，而且色彩相近，色调统一。

（2）对比色的配合。运用对比色，可以使菜肴产生愉快、热烈的气氛。对比色的配置必须抓住主要矛盾，即在运用对比色时，色彩的面积可以不相等，要把主要的颜色作为统治菜肴的主色，次要的颜色作为衬托。如"金汤玫瑰鱼茸"一菜，金色汤底与原料相配，衬以白色，非常醒目。

（3）同类色的配合。同类色即色相性质相同的颜色，如朱红、火红、橘红，或一种颜色的深、中、浅的色彩。"糟熘三白"用的是鸡片、鱼片、笋片，色泽近似，鲜亮明洁。

此外，食品的色调是色彩总的倾向性，是菜肴的主要色彩，其对食品的色彩起统帅和主导作用。食品色调除上述提到的从色性上分成暖调、冷调以外，从色度上还可分为亮调、暗调、中间调。由于色彩具有冷与暖、膨胀与收缩、前抢与后退的感觉，不同色调就会有不同的感情色彩。在表现热烈、喜庆、兴奋的场景中，总是以红色、黄色等暖色为主色。如喜庆筵席中，常以暖色调的菜肴为主，灿烂的菜肴色彩营造出一种热烈的节奏和欢快、喜庆的气氛。而绿色、青色、紫色等冷色属于清秀、淡雅、柔和、宁静的色彩，素雅洁净的菜肴色彩给筵席带来宁静优雅、和谐舒服的气氛。而亮调与暗调是根据食物原料的色彩鲜明状况进行菜肴设计的关键。在设计亮调或暗调菜肴时，亮调或暗调要相互点缀。亮调中要有暗色的点缀，暗调中要有亮色的点缀，这样才能产生生动、悦目的效果。如菜肴"雪丽大蟹""爆乌鱼花""浮油鸡片"等，色调明亮，辅以少量的红色、绿色、黑色等深色配料点缀，给人以纯洁中透出绚丽的美感。

5. 形美　形美是指烹饪产品在主、辅料成熟后的外表状态，或在造型、图案、内在结构等方面呈现出来的视觉美。

食品形态之美具体可分为以下几种。

（1）自然形态，保留原料本身的原始形态，只需与特定的餐具配合，放正放稳，尽可能显示出形体的特点。如"干烧岩鲤""片皮乳猪"等，其形象完整饱满，充分利用原料的自然形态，体现原料本身的面貌，少雕琢之气，多自然之趣，具有天真可爱之美。

（2）几何形态，属于有规律的组合形态，常用于餐具的造型，可形成圆形、椭圆形、扇形、半圆形、方形、梯形、锥形等多种形状，且常常运用中心对称和轴对称的表现手法，有时也采用重点点缀和均衡的表现手法，给人以简洁、明快、大方的美感。

（3）象形形态，其绘画性和雕塑性强，常用于模拟动物、花卉、建筑等烹饪产品的制作。如有的面点捏成小鸡、小鸭、金鱼、荷花等形态，有的冷盘拼成蝴蝶、凤凰、孔雀、亭、台、楼等形态，有的食品雕刻成牡丹、月季、兰花、宫灯等形态，取形要求美观、大方、吉利、高雅，给人一种逼真感和喜悦感，是食品造型艺术中难度最高的一种。

（三）意美

1. 器美　器美是指烹饪产品与其盛装之器的搭配所呈现出来的美。饮食之美不只是菜点美加上盛器美，其完整的内涵既体现在一菜一点与一碗一盘之间的和谐，也体现在一席肴馔与一席餐具饮器之间的和谐。一桌美食，菜点的形态有丰整腴美的，有丁、丝、块、条、片及不规则的；菜的色泽有红、橙、黄、绿、青、蓝、紫色，五彩缤纷，一旦与合适的餐具相配合，高低错落，形质协调，组合得当，美食与美器便能使审美主体有更完美的审美感受。因此，器皿在使用过程中也要按造美的规律，具体做到以下几点。

（1）饮食器皿之间的配合协调。作为盛装饮食的器皿，食具、酒具、茶具不仅要达到造型风格上的统一，也要达到装饰风格上的统一。

（2）食具与菜点的配合协调。要注意食具的大小应与菜肴的量相适应，食具造型与菜点造型的配合应遵循适形造型的原则，食具的图案与菜点图案的配合应遵循变化统一的原则。

（3）饮食器皿与餐厅环境风格的配合协调。所使用的饮食器皿应保持与餐厅家具陈设、室内装饰及服务人员的服饰风格的一致性。

2.**境美**　境美是指就餐环境布置格局所呈现出来的美。人总是置身于一定的环境之中，任何客观的环境都会表现出一种超出环境的语言和情调，并影响人的心理。就餐环境有自然、人工等区别。人造的饮食美景主要分为以下几种：以中国古代皇家庄严雄伟、金碧辉煌的宫殿为代表的宫殿式饮食美景；以中国古代清新淡雅的江南园林或富丽堂皇的皇家园林为代表的园林式饮食美景，如颐和园听鹂馆、杭州的天香楼；以民族建筑艺术为主题的民族式饮食美景，如彝族村、傣乡风味餐厅以及现在较流行的农家乐；以干净、挺拔的几何形体和直线条为特征的中西结合模式的现代式饮食美景，如北京饭店、上海的国际饭店；由上述两种或两种以上形式结合而成的综合式饮食美景，如北京建国饭店、广州白天鹅宾馆；餐厅处于移动或旋转状态，造成变幻景致的游动式饮食美景，如苏杭的"画舫"。

3.**序美**　序美是指一台席面或整个筵席肴馔在原料、温度、色泽、味型、浓淡等方面的合理搭配，科学的上菜顺序，宴饮设计和饮食过程的和谐与节奏化程序所呈现出的美。

除了"味序"之外，还有"质序""触序""香序""色序""形序""器序"等。只有这些"序"科学组合，才能使序美得到充分的体现，使整个宴饮过程或进食过程和谐而有节奏。筵席的上菜顺序原则上根据宴会的种类和各地的传统习惯来决定，但安排是否合理、是否科学，对宾客的就餐情绪乃至对整个筵席效果的影响是很大的。例如，按照常规，先上冷菜，冷菜清凉，可以慢慢品尝而不会变味，节奏是缓慢的，尤如音乐中的序曲。从上热菜开始，节奏加快，逐渐进入高潮。此后便上清汤、水果，节奏由快而慢，相当于音乐的尾声。这样的筵席顺序所蕴含的节奏形成一定的韵律之美，呈现出一定的意境。

4.**趣美**　趣美指饮食活动中愉快的情趣和高雅的格调所呈现出的美。在饮食活动中，人们常常通过丰富多彩的文娱活动对气氛加以渲染。例如，古代贵族的"以乐侑食""钟鸣鼎食"，即是在进食时配以丝竹、伎乐之唱吟或击奏编钟助兴等；在现代的音乐餐厅中，就餐者边用餐边看表演，或边跳舞，或自唱自乐，最终达到物质享受与精神愉悦相结合的目的，从而使宴饮成了综合性的文化活动。

饮食"十美"构成了烹饪产品形式美的全部，它们相互独立，各属不同内涵，又相互影响，形成统一整体。质美属于实质美，味美、触美、嗅美、色美、形美属于感觉美，而器美、境美、序美和趣美属于意美。依据烹饪产品形式美实用性的本质，烹饪产品形式美的形态产生于质美，被味美、触美、嗅美、色美、形美调养，被器美、境美、序美润色，趣美为最高追求。

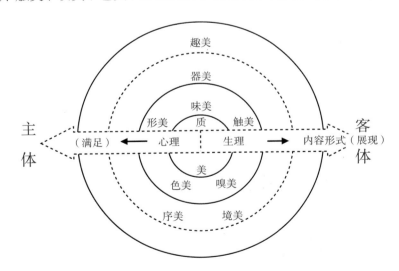

二、领会烹饪产品形式美法则

烹饪产品形式美法则，一方面是人们对过去经验的总结，带有规律性；另一方面，由于社会在不断发展，烹饪产品形式美法则也不断地得到丰富和完善。形式美是指生活、自然界中各种形式因素的有规律的组合。在自然界的普遍事物中，形式美的构成要素主要有色彩、线条和声音；在饮食美中，形式美的构成要素有前述的"三特性十美"，即营养卫生、味觉（化学味）、触感（物理味）、香气、色彩、形态、器皿、环境、程序、情趣等。

　　形式美法则，即形式美的组合规律。这种组合规律可分为各部分之间的组合规律与总体组合规律两种。各部分之间的组合规律主要有对称与均衡、均齐与渐次、对比与调和、比例与尺度、节奏与韵律；总体组合规律主要是多样与统一。

（一）对称与均衡

　　对称与均衡是构成烹饪产品形式美的基本法则，也是烹饪产品中求得重心稳定的两种结构形式。对称指以一条线为中轴，左右（或上下）两侧均等。这种对称可以是量上的对称，也可以是色彩、声音或形式上的对称；形式上对称有左右对称、上下对称，也有三面对称和四面对称。对称能给人一种稳定、庄重之感。自然界的生物（特别是人）的身体结构都是对称存在的，建筑物中广泛采用对称方式建造。

　　均衡是对称的延伸，其左右并不相称，但能保持平均、无偏重之感。这里的左右不同，主要指形体上的不同，如天平上左右放置同样的东西时是一种对称，而放置不同形式的等量物时就是一种均衡。因此，可以把均衡看作是对称的某种变形。均衡比对称更灵活，富于变化、流动，静中有动，统一而不单调。中国菜的一物两做、一菜两吃的格局，可体现在同一盘菜中（采用两种不同的烹饪方法、两种不同的装盘方式），中间常用一点装饰原料作为分隔带，构成均衡。烹饪产品的构图往往运用虚实呼应求得造型的均衡效果。例如，一盘采用风景造型的拼盘，以建筑物为实，天空为虚；以花为实，叶为虚；以龙为实，云、水为虚；以鸟为实，树为虚。这样的造型布局，有实有虚，有满有空，互相呼应，使烹饪产品造型更加生动。

（二）均齐与渐次

　　均齐与渐次是烹饪产品形式美法则应用的主要方法之一。均齐指有规律地伸展连续。自然界中事物的形象和它们的运动变化，往往具有规律性。均齐是烹饪产品形式美法则中最常见、最普通的一种，在多数人的审美经验中，这一法则最易掌握，应用也最为普遍。均齐是外表的一致性，是同一形状的多次重复。一致是指一个整体采用一种色彩或一种线条加以组合。同一形状的数次重复则是稍带活跃因素的一致，可让人感到整齐、朴素之美。犹如蓝色的天空、碧绿的湖水，旷远而简洁。军人的队列组合、农作物的播种形式、布料上的花纹、瓷盘边的花纹等都是这种重复，是均匀法则的具体体现。在制作烹饪产品时，将同一品种的原料加工成大小一致的形态摆放在盘中，均齐美也就体现出来了。

渐次是均齐的变形，指一种形式逐渐变化，如由大而渐小，由深而渐浅，由强而渐弱，由薄而渐厚。与均齐相比，渐次克服了均齐单调乏味的弱点，而具有变化的整齐之美。在采用建筑图案造型的拼盘中，呈现为北京的天坛、杭州的六和塔、扬州的文昌阁等设计，其结构本身就是巧妙的渐次重复。渐次不仅是单一的逐渐变化，同时也具有节奏、韵律、自然的效果，易被人们接受。渐变的形式有很多，有空间的渐变，如方向、大小、远近及轻重的渐变等。一般是渐变的过程越长，效果越好。此外，还有色彩的渐变。色彩由浓到淡或由淡到浓的渲染也是一种渐变，如黑色渐变成白色、红色渐变成绿色、黄色渐变成蓝色等。缓和的灰色（中间过渡色）系列也将发挥良好的作用。在烹饪产品造型中根据设计要求做不同处理，如运用烹饪原料本身的色彩渐变效果，可为烹饪产品造型增加光彩。

（三）对比与调和

对比与调和是反映事物矛盾状况的组合方法，通过利用事物之间的矛盾性状，来达到组合的目的。对比表现出急剧和强烈的变化，给人以鲜明、醒目、活泼、跳跃、变化的心理感受。在制作烹饪产品时，常将不同颜色和形态的两种原料并列在一起，形成强烈的对比。例如，在"鱼丸烧油菜"中，鱼丸为白色，油菜为绿色，鱼丸为圆形，油菜为长形，给人以流动感。

调和指将两个相接近的事物组合在一起，二者之间既有差异，又趋向一致。凡七色轮上相邻近的两色就是一对调和色，如红色与橙色、橙色与黄色、黄色与绿色、绿色与蓝色、蓝色与青色、青色与紫色、紫色与红色等。橙色由红、黄两色调配而成，也就是橙色包含红色。这两种色彩都是暖色，其色彩的表情性和表现性基本上是一致的。在形态表现上，圆桌上放圆碗、圆盘、圆杯等；不同的原料在一个菜中，形状上"丁配丁，丝配丝"。调和给人一种协调、和谐、安定、自然的感受。菜品"牡丹亭"为对比与调和的烹饪产品示例。该菜品利用原料的色彩和质地的变化形成对比的效果。植物是绿色的，花卉为浅黄色的，建筑为园亭，它们的组合衬托出戏曲风的特色，结合旁边陪衬的四个围碟，在色彩上起到了较好的调和作用。

（四）比例与尺度

在人的视觉中，比例是产生美感的很重要的因素。比例是事物的整体和局部、局部和局部之间的关系。这种关系在现实生活中常见，如建筑物中窗与门的关系，门窗的局部结构与建筑的整体之间的关系等。古希腊学者提出，美的比例是 1 ∶ 1.618（即黄金分割率），但美的比例并不是唯一的，应根据具体情况灵活掌握。比例法则的正确使用，会给人带来稳定、舒适的心理感受。一般来说，按照 1 ∶ 1.618 这种比例关系组配的对象符合人类在长期的实践中形成的审美心理活动的规律，在建筑、工艺设计中有广泛的应用。尺度指产品形体与人使用要求之间的尺寸关系，以及两者相比较所得到的印象，是以一定的量来表示和说明质的某种标准。在自然界，有些动物只是按照其所属的物种的尺度和需要来建造环境，人却懂得按照任何物种的尺度进行生产，并且能灵活地将内在的尺度运用到各种对象上。在现代工业产品的造型设计中，尺度主要是指产品尺寸与人体尺寸之间的协调关系，因为产品是供人使用的，所以产品的尺寸大小要符合人的操作使用要求。

（五）节奏与韵律

节奏是比例在音乐上的体现，音乐之美就是音符数目的比例之美。节奏指有规律、有秩序的连续变化和运动形式。节奏这种间歇运动的特征，普遍存在于自然界之中，如人的呼吸、心脏的跳动、春夏秋冬的有规则的交替、大海的潮涨潮落等。节奏的快慢对人的生理和心理影响很大。菜点的造型和摆盘也能表现出强烈的节奏感。形状的有规律的重复，有秩序的排列，线条、形体之间有条理的连续，颜色之间的交替重复出现，都可以产生节奏感。烹饪产品构图中的节奏，是指烹饪产品造型上的线条、纹样和色彩处理得生动和谐、浓淡协调，通过视觉给人以均匀、有规律的变化感。

韵律是在节奏的基础上赋予一定情调的色彩而形成的。韵律更具有情趣，可满足人的精神需求。在人们生活中，各种事物常产生优美的韵律，并与节奏有机结合，给人以美感。如郑板桥所画的无根兰花，在形象的排列组合中所表现的那种充满情趣的节奏美，就是韵律的充分体现。自然风景中也具有各种各样的韵律，如广西桂林的山水就具有区别于其他名山大川的独特韵律。那神仙姿态的山，如情似梦的水，此起彼伏，迂回曲折，呈现出优美的韵律感。烹饪产品的造型和宴会的展台，如果设计得当，不但可以产生鲜明的节奏，而且呈现出鲜明的韵律感。将韵律作为设计中的一个重要法则来遵循和应用能够创造出更多更美的烹饪图案。

节奏从形式上划分，可有等距离、渐变几种形式，如渐大、渐小、渐长、渐短、渐曲、渐直、渐高、渐低、渐明、渐暗等。节奏是基础，是韵律表现的前提，韵律则是从节奏中表现出来的一种情调。

（六）多样与统一

多样与统一法则，是适用于一切艺术表现的一个普遍的法则，也是构成形式美最重要的法则。多样统一又称和谐，是形式美的最高要求，多样统一在哲学上称为对立统一。多样指一个整体中的各部分在形式上的差异性，包含了渐次、对比、节奏等因素；统一指各部分在形式上的共同性，包含了均齐、调和、均衡、对称等因素。多样与统一法则就是在对比中求调和。如构图上的主从、疏密、虚实、纵横、高低、简繁、聚散、开合等；形象的大小、长短、方圆、曲直、起伏、动静、伸屈、正反等，处理得当，才能达到对立统一，使整体获得和谐、饱满、丰富多彩的效果。烹饪产品构图造型中相互对比的形和色，给人以多样和变化的感觉，若处理得当，会使人感到生动、活泼、富有生气，但是过分变化容

易使人感到松散、杂乱无章。筵席中不仅要求单个拼盘造型的和谐统一，不同拼盘造型之间也要保持和谐统一。因此，统一是一种协调关系，可使图案调和稳重，有条不紊。但是过分统一则易让人感到呆板、生硬、单调和乏味。多样与统一法则的运用，既能使人感觉丰富生动，又有秩序、统一，在各种形式因素的复杂组合中，通常以和谐（即多样统一）为最美。"花开富贵"为变化与统一的图例，其在装盘布局上以中心花朵为主，边缘造型为辅，使整体统一而富有变化。

知识链接

项目小结

　　本项目主要介绍了烹饪产品美感的概念以及烹饪产品美感的特性；烹饪产品形式美构成要素和形式美法则。通过学习，学生可以增加对烹饪产品美感及形式美的认识，为今后烹饪产品设计打下美学基础。

扫码看答案

同步测试

一、单项选择题

　　1. 烹饪产品的美感不仅体现在菜点的感官感受上，还体现在其文化内涵和历史沉淀上，这说明烹饪产品美感具有（　　　）特征。

A. 综合性　　　　　B. 文化性　　　　　C. 个体性　　　　　D. 直觉性

　　2. 烹饪审美主体的（　　　）是指不同的个体在烹饪审美活动中的不同表现和反应。

A. 个体差异性　　　B. 整体性　　　　　C. 直觉性　　　　　D. 综合性

　　3.（　　　）是指食品良好的营养与卫生状态所呈现出来的功能之美、品质之美。

A. 味美　　　　　　B. 触美　　　　　　C. 质美　　　　　　D. 嗅美

　　4. 中国烹饪技术的核心是（　　　）。

A. 触美　　　　　　B. 器美　　　　　　C. 味美　　　　　　D. 形美

二、判断题

　　1.（　　　）对称与均衡是构成烹饪产品形式美的基本法则，也是烹饪产品中求得重心稳定的两种结构形式。

　　2.（　　　）烹饪产品的美感整体性体现在烹饪味型、菜点质感、器具选配、筵席展台设计四个方面。

　　3.（　　　）均齐与渐次，是烹饪产品形式美法则应用的主要方法之一。均齐指有规律地伸展连续。自然界中事物的形象和它们的运动变化，往往具有规律性。

　　4.（　　　）多样与统一法则，是适用于一切造型艺术表现的一个普遍的法则，也是构成形式美最重要的法则。

　　5.（　　　）烹饪产品美感的直觉性是审美个体识见经验的一种顿悟性，可以直接影响审美个体的心情和食欲。

三、简答题

简述烹饪产品美感的概念和烹饪产品形式美法则。

四、论述题

论述烹饪形式美法则如何用于筵席设计。

项目三　认知烹饪色彩艺术

思维导图

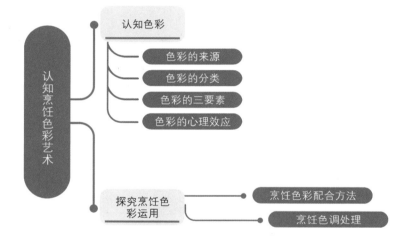

项目描述

　　中国烹饪历史悠久，中国菜点种类繁多，项目二提出的形式美的构成要素即"三特性十美"中，"色美"即色彩之美。色彩属于视觉范畴，最先映入食用者的眼帘，是人们认识菜点的视觉要素和评价菜点感官质量的重要指标。通过学习项目三"认知烹饪色彩艺术"，了解色彩的基本知识，掌握烹饪色彩的运用技能，合理利用菜点色彩的感情和表情性对人们的饮食心理产生的影响，进而来满足人们的饮食审美需求。

项目目标

　　1. 系统地掌握有关色彩的基础知识并了解配色的规律。

　　2. 掌握烹饪色彩的配合方法以及菜肴的色调处理。

职业能力问题导入

1. 色彩的三原色、三要素是什么?

2. 色彩搭配要点有哪些?

3. 烹饪色调处理有哪些?

知识准备

配合教学内容阅读色彩学相关的书籍,培养色彩审美能力与应用能力。

项目实践

1. 绘制色环。

2. 绘制色彩冷暖对比图。

3. 制作一道菜肴,针对菜点选料、配菜、初加工、菜点完成的全过程,运用色彩配合方法和色彩对人们饮食心理的作用,写出自己制作时的思路。

任务一 认知色彩

任务描述

世界万物都具有其独特的色彩,人类饮食生活也是如此。深刻理解色彩原理、掌握色彩相关知识,可以帮助我们不断提高饮食审美能力,并运用千变万化的色彩美化烹饪产品,使我们的饮食生活更加绚丽多彩。

任务目标

1. 理解色彩的产生。

2. 掌握色彩的分类。

3. 了解色彩的三要素。

4. 了解色彩的心理效应。

任务导入

色彩是菜点的外在形式,它体现了烹饪加工的独特魅力,可激发消费者联想,具有丰富表现力。学习色彩基础知识,对于烹饪专业学生而言是不可或缺的。

　　思考：色彩总是为我们的生活带来美好，人们热爱百花争艳的春天，喜爱果实累累的秋天，感叹蓬勃的朝阳，陶醉于美丽的晚霞。人们认为，红色代表喜庆，热烈奔放；绿色代表生命，是环保的象征；黄色代表高贵和富有。但是大家是否想过，色彩是怎么来的？不同色彩之间有什么关联？如何进行色彩搭配？

知识精讲

一、色彩的来源

　　英国物理学家艾萨克·牛顿（Isaac Newton）做了一个非常著名的实验。他把太阳光引进暗室，使其通过三棱镜投射出来，白色的光线被神奇地分解成红色、橙色、黄色、绿色、青色、蓝色、紫色的彩带（三棱镜光谱实验示意图见下图）。牛顿据此推论：太阳光是由这七种颜色的光混合而成的。

　　任何物体都有其自身的色彩，这些色彩看起来好像附着于物体表面，然而一旦光线减弱或消失，任何物体上的色彩都会逐渐消失。因此，没有光源就没有颜色，光源为万物赋予了色彩。物体在接受光线的照射后，会吸收一部分光的颜色而反射其余部分光的颜色，我们眼睛看到的是反射出来的光的颜色。例如，青草地、红苹果所反射出的分别是绿色、红色。

二、色彩的分类

1. 三原色　三原色指色彩中不能再被分解的三种基本颜色，分别是红色、黄色、蓝色。三原色也被称为基色，即用来调配其他色彩的基本色。

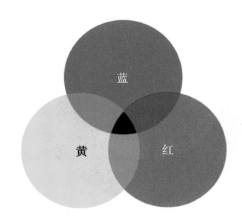

2. 间色　间色也称"第二次色"，即三原色中的某两种原色相互混合的颜色。将三原色中的红色与黄色等量调配就可以得到橙色；把红色与蓝色等量调配得到紫色；黄色与蓝色等量调配则可以得到绿色。

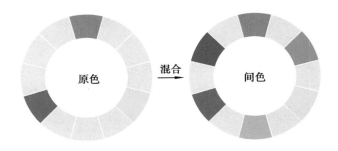

3. 复色　用任何两个间色或三个原色相混合而产生出来的颜色是复色。

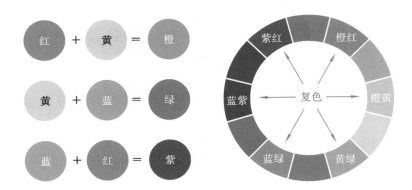

4. 其他色彩名词

（1）对比色。即色环中相隔 120° 左右的任何两种颜色。

（2）同类色。即同一色相中不同倾向的系列颜色被称为同类色。如黄色可分为柠檬黄、中黄、橘黄、土黄等，称为同类色。

（3）互补色。即色环中相隔 180° 的颜色。如红色与绿色、蓝色与橙色等互为补色。

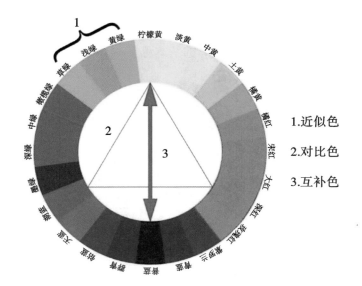

1.近似色

2.对比色

3.互补色

三、色彩的三要素

色彩的三要素包括色相、明度和饱和度。色相即色彩的相貌，是表示某种颜色色别的名称；明度指颜色的明亮程度；饱和度指颜色的鲜艳程度，也称作纯度。三要素相互作用，决定了人们对颜色的感知和认知。

1.**色相**　可以用色环表示，色环上的颜色按照光谱的顺序排列。常见的色环有三原色、六色和十二色色环等。三原色指红色、黄色、蓝色三种基本颜色，通过混合得到其他所有颜色；六色色环包括了橙色、紫色和绿色；十二色色环进一步细分了颜色，使得色彩更加丰富。

2.**明度**　明度指颜色的明亮程度。不同的颜色具有不同的明度，如红色比蓝色更亮，而黑色比白色更暗。明度也会受到光照条件的影响，如在白天阳光明媚的情况下，颜色的明度会比在阴天昏暗的情况下更高。

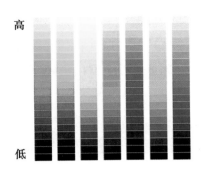

3.饱和度　饱和度指颜色的鲜艳程度。颜色的饱和度越高，就越鲜艳；颜色的饱和度越低，就越暗淡、灰暗。此外，饱和度也会受到光照条件的影响，在强烈的阳光下，颜色饱和度更高；而在阴天或光线不足的情况下，颜色饱和度会降低。

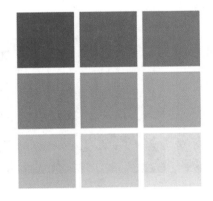

在设计中，色彩三要素的平衡和配合非常重要，它们相互作用，使颜色更加丰富、和谐、美观。

四、色彩的心理效应

（1）色彩的冷暖。色彩的冷暖指色彩心理上的冷热感觉，在一定程度上能够影响人的情感、情绪。

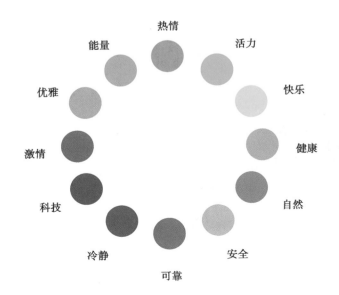

　　蓝色、绿色、紫色往往给人凉爽、开阔、安静的感觉,使人感到沉稳、平静,故将其称为冷色。冷色常用于医院、疗养院、学校、工厂等场所。相反,暖色让人感到热情、兴奋、激动、活力四射,使人的心率和呼吸加快。因此,暖色常用于餐厅、商店、体育场馆等需要增强人们食欲和购买欲的场所。

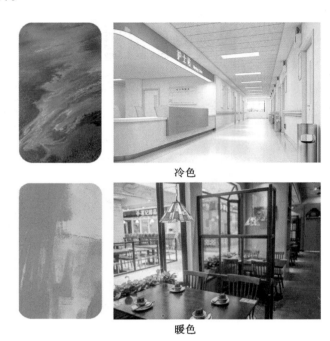

冷色

暖色

　　总之,色彩的冷暖是影响色彩表现的一个非常重要的因素。通过对冷暖色调的掌握,我们可以更加准确地表达信息,使作品更具有感染力,也更具有实用性。

　　(2)色彩可引起人们不同的情绪和行为反应。例如,红色通常被视为充满活力和热情的颜色,而蓝色常让人感到平静和放松。黄色常给人充满希望和活力的感觉。红色被认为可以增强情绪,因此它常被用作食品的标识。蓝色被认为可让人冷静,因此它常被用作医院和办公室的装饰色。黄色被认为可以增强创造力和注意力,因此它常被用作学校和办公室的装饰色。

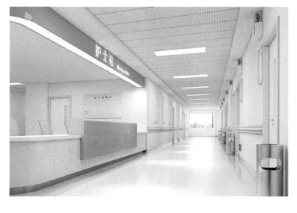

　　(3)色彩在不同文化和社会背景中有不同的意义和象征。例如,在西方文化中,白色通

常代表某种纯洁和无罪；在中国文化中，白色则代表哀悼和悲伤，因此中国传统哀悼礼仪中使用白色衣服和鲜花。

（4）色彩可以影响人的行为和决策。研究表明，色彩可以影响人的心理状态和行为模式。红色可以提高物体本身的鲜艳程度，会让人拥有更强的购买欲和食欲。黄色可以提高人的警觉性和注意力，在一些警示标识中经常可以看到黄色。蓝色可以帮助人们保持冷静，因此医院和警察局等场所经常使用蓝色进行装饰，使人心态更加稳定平和。

总体来说，色彩可以影响人的情绪、行为、生理状态和思维方式，了解这些知识可以帮助我们更好地使用颜色。

任务二 探究烹饪色彩运用

任务描述

色彩和造型决定了菜点的外在美，味道、质地和香气决定了菜点的内在美。我们常说的色香味俱全是对菜点最基本的要求。首先被人们感官感受到的是菜点的"色"，是先"见"后"品"，进而影响消费者的饮食心理和饮食活动。色彩因其具有极为丰富的视觉表现力而对烹饪艺术具有很重要的意义。讲究色美是烹饪艺术中的基本要求，对烹饪色彩的学习和掌握是提高烹饪技能的主要途径之一。

任务目标

1. 熟练掌握烹饪色彩配合的方法。
2. 掌握烹饪调色的基本方法。

任务导入

作为烹饪工作者，对每道菜点的色调需要十分讲究，掌握好烹饪中色彩的运用，就要利用自身的美术知识，根据现实条件的不同，加上丰富的想象力，在烹饪实践中创造出人们喜爱的、色彩丰富的美味佳肴。

思考：通过怎样的色彩搭配方式呈现出不同的菜点？

知识精讲

一、烹饪色彩配合方法

菜点色彩的呈现，要以自然界食物的原有颜色为基础，赋予或者搭配不同的色彩。凡是菜点原料，都有其本身的色彩和光泽，巧妙地应用原料固有色、加工色和复合色等进行组合，使所创作的菜点更富有真实感、形象感。这种色彩组合即色彩美的组合规律，总体上要符合项目二所阐述的形式美法则，使各种色彩按形式美法则搭配，产生一种独立自主的色彩形式美。

不同色彩的菜点，往往给人以不同的享受，因而色彩有冷色、暖色的区别。应了解不同颜色对人的心理活动的影响，并在菜点造型的构图中，注意各种原料色彩的选择与应用。

（一）色彩定调

菜点色彩要主次分明。分主次就是要确定菜点色调的冷、暖，这是配色时应考虑的。冷暖不同的色彩，虽然在构图中可以使画面呈现各种各样的色调，但菜点的基本色调，可确定为暖色的"暖调"、冷色的"冷调"或"中性色调"三种基本色调中的其中一种。在菜点装饰中，将三种基本色调中的一种首先确定下来，这称为菜点色彩定调。如菜点中多采用红色，则属于暖色调；多采用蓝色，则属于冷色调；多用黄色，则是明色调；多采用黑、紫色，则是暗色调。菜点的设计，有了色彩主调，画面才能统一，才能达到一定的艺术效果，否则会杂乱无章。

（二）确定底色

确定底色，是指菜点盛器的选择。菜点造型的色美一般要与形美一起来思考，这些都离不开盛器的烘托和配合。因此，选择盛器时，应该选用能够使菜点图案、画面突出，具有清晰明朗色彩的盛器，否则底色会破坏整个菜点的色调。例如，将绿色的菜点盛在绿色盘中，既显不出菜点的色调，又埋没了盘上的纹饰美；如果改盛在白色盘，便会使菜点的色调鲜明，产生清爽悦目的艺术效果。

（三）色彩配合

在菜点图案造型中，色彩的配合尤为重要。各种有色原料的配合，不同于绘画中各种颜料的调色，而是将各种烹制好的有色食品原料，根据自然界中植物、动物或人们理想中的图案形象，依据其物象的色彩，用食用性原料来表现图案的一种方法。

在图案造型中，常见的色彩配合方法有以下几种。

1. **同类色相配合** 同类色相配合是形式美法则中调和法则的运用，又称作顺色配，就是将同类色的原料，按其色彩的纯度不同相配合，使色彩产生较为柔和的过渡效果。同类色相配合，有紫红、正红、橘红、青红的配色，也有橙黄、土黄、淡黄的配色，还有纯白、黄白、青白的配色等。

2. **邻近色相配合** 邻近色相配合是形式美法则中调和法则的运用，一般根据七色光谱的相邻顺序来进行配合，如色环中的红色与橙色、橙色与黄色、绿色与青色，因为它们之间的色相与明度能够使图案的色彩产生明显的过渡效果，使用这种方法，能使图案的色彩艳丽、多彩、自然。

3. **对比色相配合** 对比色相配合是形式美法则中对比法则的运用，又称作对色配，它是根据原料色相之间所产生的明显色度差异进行色彩的配合，如红色与绿色、黄色与紫色、黑色与白色等。这类色彩的配合使图案的形象鲜明、突出，相互之间通过不同色相的对比，产生明显的衬托感。

4. 明暗色相配合 明暗色相配合是形式美法则中调和法则的运用，是根据原料色彩的明暗度来进行色相配合。明度高的原料在图案中能使所表现的部分更加突出，明度低的原料能使图案产生稳定和增强空间的效果。所以，明度高的色彩如白色、黄色、橙色、绿色要用暗色来衬托，明度低的色彩，如正红色、火红色、墨绿色、紫色、黑色等则要用明色来衬托。

5. 色域面积大小相配合 色域面积大小相配合是形式美法则中对比法则的运用，是根据原料的不同色彩，用大小不同的色域面积来配合，使之产生明显的立体感受，如在浓汤的图案造型中往往使用这种方法。浓汤与表面小面积装饰材料的色彩对比，可使菜点图案产生强烈的视觉效果。

二、烹饪色调处理

在菜点制作过程中，调色与增香往往与调味同时进行。在加入各种调料调味的同时，有的调料起到了调色或增香的作用。在菜点制作过程中，需把握好调味与调色或增香的关系。

菜点的调色方法有保色法、变色法、兑色法和润色法四种。

（一）保色法

保色法是利用调色手段保护或突出原料本色的方法。此方法多用于颜色纯正、原料鲜亮的调色，如绿色蔬菜、红色鲜肉等。

1. 蔬菜、水果原料的保色 蔬菜的绿色由其所含的叶绿素引起，叶绿素与胡萝卜素等色素共存，在热和酸的共同作用下，或者在热和氧的作用下，叶绿素变成脱镁叶绿素，绿色消失，变黄色。保护蔬菜鲜艳的绿色，一般可采用以下方法。

（1）加油保色。在菜肴表面淋明油或焯水时加油脂，以形成保护性油膜，隔绝空气中氧气与叶绿素的接触，达到保色目的。但此法不能抑制蔬菜组织中所含酶的作用，只在一定时间内有效，时间稍长仍会变色。

（2）加碱保色。叶绿素在酸性条件下不稳定，但在弱碱条件下，水解生成性质稳定、颜色亮绿的叶绿酸盐，达到保持蔬菜绿色的目的，如焯水时可以加一点碱。虽然碱可以保持蔬菜的绿色，但在碱性条件下，蔬菜所含的某些维生素损失较为严重，一般不提倡使用。

（3）加盐保色。有些绿色蔬菜遇盐后会改变颜色，如黄瓜、青椒等，这些蔬菜加盐调味后绿色加重，并且可以保持一定的鲜度。此方法多在生原料中使用，但加盐的量要适当，不宜过多，保存的时间也不宜过长；否则，叶绿素的破坏程度加重，其颜色反而变得暗淡无光。

（4）水泡保色。有些蔬菜和水果，如土豆、藕、苹果、梨等，去皮后会发生褐变而变成褐色。厨房中经常把去皮或切开的上述原料放入水中浸泡，这样可以隔绝原料与空气的接触，而避免褐变。但这种方法仅在短时间内有效，如果长时间浸泡，原料仍会缓慢发生褐变，如再在水中加适量酸性物质，则可控制酚酶的催化作用，能够较长时间防止褐变。

2. **肉类的保色**　牲畜的瘦肉呈红色，受热则呈现令人不愉快的灰褐色。有时在烹调时需要保持其色，一般采用在烹制前加一定比例硝酸盐或亚硝酸盐腌制的方法来达到保色的目的。

肉类的红色主要来自其所含的肌红蛋白和血红蛋白，加硝酸盐或亚硝酸盐等发色剂腌制时，肌红蛋白和血红蛋白转变成色泽红亮且加热不变色的亚硝基肌红蛋白和亚硝基血红蛋白。此类发色剂有一定的毒性和致癌性，使用时应严格控制用量。

（二）变色法

变色法是利用调料改变原料的本色，使烹制的菜点呈现鲜亮色泽的调色方法。变色法主要利用菜点在烹制过程中发生焦糖化反应或美拉德反应来改变色泽。例如，"北京烤鸭"表面抹上麦芽糖，可烤制出枣红色；"脆皮乳鸽"表面抹上麦芽糖和醋炸出的制品红亮皮脆。肉类在加热后会由红变灰白，甚至褐色，因此大多数动物性原料经过烹饪后的色泽并不令人喜爱。

巧用变色方法，可以使食物色泽令人愉悦。利用美拉德反应，可以使肉类菜肴色泽红亮，呈现出诱人的暖色调。如在烤制北京烤鸭的过程中，需要不断地在鸭子身体表面涂刷麦芽糖。麦芽糖对热不稳定，加热至 90 ～ 100℃时，即与鸭皮表面含氨基的物质发生美拉德反应，进而使其呈现出浅黄色、红黄色、酱红色等。酱油等调料的颜色、烤面包的金黄色外皮、红烧肉的诱人色泽、甜品的焦糖色都离不开美拉德反应。

为食物增色也可以采用天然色素。花青素是一类广泛存在于植物根、茎、叶、花和果实中的色素，因结构差异而呈蓝色或紫色，在酸性环境下可呈现红色。烹饪时，可将富含花青素的食物榨汁，取其鲜艳的汁液，为其他食物增色，如彩色面条、水饺、糕点等。红曲色素是由红曲霉生成的天然色素，低浓度时呈现浅红色，浓度增高后颜色加深。红曲色素与蛋白质有极好的亲和性，一旦着色，水洗也不会褪色，叉烧肉的红色就来自红曲色素。姜黄色素是从姜黄等根茎中提取的一种酚类色素。姜黄色素对光、热稳定性差，但着色性好，特别是对蛋白质的着色能力强，是全球范围内使用量最大的天然色素，咖喱粉中就含有此色素。

（三）兑色法

兑色法是将有关调料，以一定浓度或一定比例调配出菜肴色泽的调色方法，多用于水烹法制作菜肴的调色。常用的调料是一些有色调料，如酱油、红醋、糖、番茄酱、食用色素、有色香料等。此法在菜肴调色中用途最广，操作时可以用一种调料，以浓度大小控制颜色深浅，也可以用数种调料以一定比例配合，调配出菜肴色泽。

为了使菜肴原料很好地上色，可以在调色之前，先将菜肴原料过油或煸炒，以减少原料表层的含水量，增强原料对有色调料等的吸附能力。复合成色的原理与绘画时色彩的调配相似，不过，复合成色所调配的色彩远没有绘画那么复杂。

（四）润色法

润色法是在菜肴原料表面裹上一层薄薄的油脂，使菜肴色泽油润光亮的方法。此方法主要用于改善菜肴色彩的亮度，以增加美观性。大多数菜肴的制作采用此法。例如，出锅前加入明油或红油，就可使菜肴明亮，其操作较为简单，有淋、拌、翻等方法。淋油润色有防止食物中水分蒸发、隔离氧气及保持食物色泽稳定的作用，但为了健康，淋油要注意适量。

以上四种调色方法在实际操作中一般不单独使用，而是两种或两种以上的方法配合使用，才能使菜肴达到应有的色泽要求。

项目小结

本项目主要阐述色彩的基本知识和探究烹饪色彩的运用。通过学习，学生可以掌握色彩的基本知识，能够应用烹饪色彩配合方式，进行烹饪色调处理。

知识链接

扫码看答案

同步测试

一、选择题

1. 色彩是指在视觉中有（　　　）的颜色。

A. 色相　　　　B. 明度　　　　　　C. 饱和度　　　　D. 纯度

2. （　　　）是将有关调料，以一定浓度或一定比例调配出菜肴色泽的调色方法。

A. 保色法　　　B. 兑色法　　　　　C. 润色法　　　　D. 变色法

3. 根据原料色相之间所产生明显色度差异进行色彩的配合，如红色与绿色，黄色与紫色，黑色与白色等属于（　　　）色彩配合方式。

A. 对比色　　　B. 同类色　　　　　C. 邻近色　　　　D. 明暗色

4. 在餐厅色彩应用时，经常会用到暖色系来进行装饰，这样有利于顾客促进食欲，以下哪种颜色可以起到相关作用？（　　　）

A. 白色　　　　B. 蓝色　　　　　　C. 黄色　　　　　D. 紫色

二、填空题

1. 三原色是指_____、_____、_____。

2. 色彩对比按照一定时间和空间会产生比较作用，可分为_____对比、_____对比。

3. 菜点色彩的呈现，要以_____的原有颜色为基础。

4.牲畜的瘦肉呈红色，受热则呈现令人不愉快的灰褐色。有时在烹调时需要保持其色，一般采用在烹制前加一定比例_____或_____腌制的方法来达到保色的目的。

三、简答题

1.色彩的心理效应有哪些？

2.简述烹饪色彩配合的方法。

项目四　探寻烹饪图形、图案艺术

思维导图

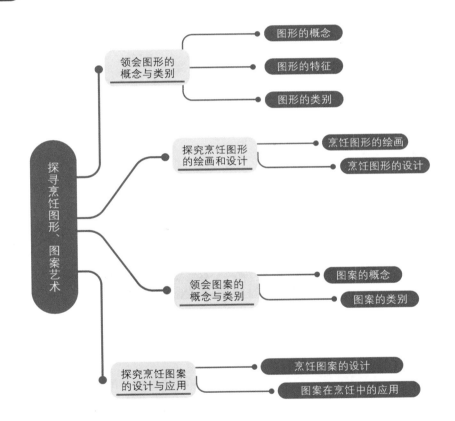

探寻烹饪图形、图案艺术
- 领会图形的概念与类别
  - 图形的概念
  - 图形的特征
  - 图形的类别
- 探究烹饪图形的绘画和设计
  - 烹饪图形的绘画
  - 烹饪图形的设计
- 领会图案的概念与类别
  - 图案的概念
  - 图案的类别
- 探究烹饪图案的设计与应用
  - 烹饪图案的设计
  - 图案在烹饪中的应用

项目描述

　　烹饪图形、图案是按照烹饪美学的要求，经过艺术加工创作出来的装饰纹样，也是烹饪艺术的常见表现手段。项目四的学习目的是认识烹饪图形、图案艺术，学习图案的构成原理和基本特征，结合专业特色将图形、图案的基本形式及图形、图案的构成具体应用到烹饪中。运用图形、图案的基本理论知识对菜点进行艺术处理，使菜点造型成为可以欣赏的艺术品。

项目目标

1. 系统掌握图形、图案的基础知识。

2. 通过烹饪图形、图案知识运用的专业训练，创造烹饪美的能力得到提高。

3. 掌握烹饪图案的构图方法及菜肴的图案运用处理方式。

职业能力问题导入

1. 图形、图案的类别分别有哪些?

2. 图形、图案分别可分为哪几部分?

知识准备

在学习本项目前，配合教学内容阅读图形、图案学相关的书籍，培养图形、图案创作能力与应用能力。

项目实践

1. 在生活中寻找身边常见的图形、图案，并绘制出来。

2. 选择一道冷拼菜肴，了解选料、配菜、加工等的全部过程，按冷拼菜肴制作与设计顺序独立完成实践报告。

任务一　领会图形的概念与类别

任务描述

利用图形表达、记录事物的视觉形式，是一种不受地域、国家、民族和文化制约，比较通俗地进行信息传达的特殊形式。在特定情景下，图形对信息的传递甚至比文字更为简洁、明了。

任务目标

1. 了解图形的概念和特征。

2. 掌握图形的类别。

任务导入

　　认识图形是图形艺术的基础，也是提高烹饪技艺的支撑手段。作为餐饮业从业者，学习和掌握图形综合知识是非常必要的。学习图形知识可为创造具有浓郁装饰特色的菜点图形打下牢固的基础。

　　思考：中国传统艺术和西方传统艺术对图形的理解有何不同？

知识精讲

一、图形的概念

　　图形是一种由点、线、面等基本元素组成，用以表示物体的形状、大小、位置等特征的图像。简单来说，图形就是用线条和形状组合而成的图像。在我们的日常生活中，图形无处不在，如地图、各种标志、建筑设计等都是图形的应用实例。

（一）中国传统艺术对图形的理解

　　唐代书画家张彦远的《历代名画记·叙画之源流》记载：颜光禄云，图载之意有三：一曰图理，卦象是也；二曰图识，字学是也；三曰图形，绘画是也。该记录显示出中国古人对"图"艺术性的认识，其中的意义包含三个方面：图，可以绘形，又可释读，还可说理。

（二）西方传统艺术对图形的理解

　　在西方传统的认知里，图形的英文名称"graphic"起源于拉丁文"*Graphis*"，在现代视觉传达的学术研究中，"graphic"可以翻译为"匠意"，普遍的认知就是"图形"。

　　图形艺术与其他艺术的不同之处在于，它有自己的规律和特点。图形语言作为非文字的特殊语言，具有传播和交流信息的作用。图形所展示出来的是视觉符号的语言作用和象征意义。

二、图形的特征

（一）奇特性

　　图形的奇特性主要是指图形可以给人以新的感官体验，有利于加强视觉冲击，从而达到奇特的效果。在飞速发展的信息化时代，只有表达独特的、富有个性的设计才会引起人们的注意，使人们产生较深印象。因此，具有设计性和新意的图形最能引起关注从而达到传播的目的。

（二）趣味性

图形肩负着演绎信息的责任，创造的是一种氛围感，赋予文字信息活力，并影响着人们对它的感受，而带有趣味性的图形可以提升作品的渲染力和关注度，增强图形的趣味性。

（三）单纯化

图形的单纯化指图形可以最快的速度传达给大众，给人以明了、清楚的视觉效果，让人在不自觉的情况下自然接受图形所传递的视觉信息。

三、图形的类别

（一）平面图形

平面图形指由平面空间内的点、线和面组成，而且点、线和面处在同一个平面内的图形。我们经常见到的正方形、长方形、三角形、圆形等都是平面图形，它们都具有固定的几何形状和定义。如果要描述平面图形，则需要通过关键词来描述不同形状的图形，如等腰三角形、椭圆形等。

（二）立体图形

立体图形指由三维空间中的点、线和面组成的图形，与平面图形不同的是，立体图形通常具有高度、宽度和长度之分。同样，要描述立体图形，也可以通过关键词来描述，如长方体、正方体、球体等。

（三）简单图形

简单图形指由一个或多个相同的基本单元组成的图形，如直线段、弧线、圆形、椭圆形、三角形、矩形、五边形、六边形等，简单图形的特点是由几何形状所组成。

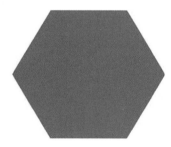

（四）复合图形

复合图形指由两个或两个以上的基本图形组合而成的图形，如将一个圆形和一个三角形拼接起来的图形等。复合图形的特点是它们具有更加复杂而多样的几何形状。

（五）非几何图形

非几何图形指无法用基本几何形状（如圆形、正方形等）来描述或构建的图形，它们是可随意创作的形象化图形。

任务二　探究烹饪图形的绘画和设计

任务描述

　　烹饪图形是按照烹饪美学的要求，将美学知识融入烹饪中的图形。烹饪美学不仅研究美食的制作，还研究如何通过视觉呈现出美味与诱人的效果。烹饪图形将美食与艺术相结合，通过对菜点造型进行艺术处理，使菜点成为食客们不仅可以享用，还可以欣赏的艺术品。学生可通过对图形绘画和设计的系统学习，培养对烹饪图形的绘画和创造能力，结合专业特色将图形绘画及图形设计具体应用到烹饪中，并能够运用图形绘画和设计的基本理论知识对菜点进行艺术处理，创作出令人眼前一亮的烹饪作品。

任务目标

　　1.系统地掌握烹饪与图形的关系，明确图形绘画的意义，并且掌握设计烹饪图形的方法。
　　2.了解烹饪图形的绘画和设计，提高艺术鉴赏能力和美感。

任务导入

　　1.烹饪与图形的关系是什么？
　　2.烹饪图形的设计原理有哪些？

知识准备

　　在学习本任务前，配合教学内容阅读图形绘画与设计的相关书籍，了解图形的绘画方式与图形设计方法，培养审美能力与应用能力。

知识精讲

一、烹饪图形的绘画

　　烹饪图形是将美学知识融入烹饪中，按照烹饪美学的要求，根据食材的自身特性，对其色彩、造型进行设计创作的优美的装饰性纹样。与其他艺术作品一样，烹饪图形的创作以生活为基础，从生活中收集、提取素材，寻找灵感。因此，要想有更好的创作题材，就要坚持长期绘画练习。绘画是创作图形的基础，想要设计并创作出高水平的图形，就必须学好绘画，并有目的、有重点地加强这方面的训练。

　　在学习绘画的同时，还能提升自己的审美，感受美的氛围，使"美育"与"烹饪"融为一体，激发对专业的热爱，学会发现美，感受美。

（一）图形绘画的意义

绘画可以用来沟通和表达思想、情感和观点。绘画是设计的前提，也是设计的基础，绘画可以打破语言和文化的障碍，跨越时空的限制，以形象、生动、直观的方式表达情感和思想。绘画可以记录历史、文化和社会发展。通过画笔，人们可以将烹饪作品设计、创作过程记录下来，并进行保存，为后人了解烹饪作品设计思路和创作过程提供珍贵的资料。

绘画是一种艺术形式，通过色彩、线条、构图等元素，创造出美的形象和意境，使人们得到美的享受和思想的启示。

长期坚持绘画者不仅可以获得丰富的创作素材，提高自身的绘画技能，还可以提高观察力、思维能力，以及分析问题的综合能力，以便于更好地创作出新的作品。

例如，要创作一件"荷塘月色"的冷拼作品，所用的素材可以是荷花、荷叶、莲藕、鲤鱼、蜻蜓等，但是只有掌握了以上素材的造型特征，掌握它们的比例结构，并能在纸上绘画出设计草图，才能制作好这件烹饪作品。

（二）图形的绘画方法

收集图形素材的方法有很多，如拍摄图片、检索书籍、收集图片等，但最简单实用的方法就是绘画。绘画方法有很多，对于初学者来说使用铅笔绘画为最佳，不仅便于携带还能随时修改，绘画方法从形式上分为速写、慢写、默写、影绘等。

1. 速写　速写是一种快速的绘画方式，也是绘画中常用的一种方法。其特点如下：一边观察，一边用简练、灵活、流畅的线条来描绘观察对象的主要特征，可以适当上色。多选用2B 至 6B 铅笔、钢笔、毛笔、碳棒来画速写。

速写的好处：绘画速度快，可以增加练习次数，培养敏锐的观察能力，有利于提高学习效率；有利于培养从整体特征出发概括形象的能力；因为速写所表现的形象有动有静，所以还有利于强化形象记忆力和默写能力。

综上所述，速写不仅能使学习者获得灵活的造型能力，还能接近生活、熟悉生活，是烹饪图形创作的基础和源泉。

2. 慢写　慢写是一种对各种物象进行认真细致研究的方法，不单是指在描绘速度上放慢，更是指在较短时间内用简练、生动的笔触更深入地表现物象的形、神、意、韵。这一过程在于分析物象的透视关系、素描关系、色彩关系，找出物象的特征和规律，然后进行描绘。学习慢写，并坚持长期绘画练习，是学习烹饪艺术图形造型的有效手段之一。

3. 默写　默写也称记忆画，指来不及即时绘画记录的事物，凭记忆画出来，是绘画与记忆相结合的一种绘画形式。

传统烹饪图形的绘画方法主要强调默写、记忆，这种方法是提高我们对造型的概括能力和表现能力的有效途径，并且通过持续、大量的"记忆绘画"，可以丰富我们脑海中的形象素材进而提高造型能力。这也是艺术创作者们用来收集素材、进行艺术创作的主要手段。

默写的表现形式多种多样，我们不必拘泥于某种固定模式，但最重要的是脑海中浮现出好的图形构思就要及时记录下来，否则时间长了就容易遗忘，失去当时的感受。这一点是初学者应当注意的。

4. 影绘　影绘是通过最大限度地简化局部与省略细节来表现形象外轮廓的一种方法。如民间剪纸中的人物，只取其大的外形轮廓，剪出的人物形象便栩栩如生、质朴大方。此种方法运用简单，概括力强。它与烹饪中的冷拼极为相似，都是采用简化、概括的形式来表现事物，突出主题，从而吸引视觉注意。

二、烹饪图形的设计

烹饪图形的设计，就是把绘画素材提炼并加工成烹饪所需的图形的过程。我们绘画时收集到的自然形象往往不能直接用于烹饪图形的装饰，还需要进行提炼、概括，以集中其美的特征，再通过省略、夸张等艺术手法，创造出适合烹饪生产要求的图形，这一艺术加工过程就是变化的过程。

（一）图形设计基本原理

图形设计的目的就是把现实中的各种形象进行加工改造，使之成为适应特定工艺材料制作的图形，要求图形高于实际生活，以满足审美的需求，能够被广大群众喜爱和接受。烹饪图形变化不能脱离生产实际，必须紧密贴合食用需求、原料特性和烹饪加工制作过程，这样才能获得良好的艺术效果。

绘画是客观了解和熟悉对象的过程，而设计则是渗入了主观因素，对物象进行艺术加工的过程。在开始学习烹饪图形设计时，首先要学习烹饪图形的构成规律和美学法则。通过在实践中逐渐掌握这些规律和法则，可以更好地塑造烹饪图形。

总之，在设计阶段，应认识到艺术之所以成为艺术，关键在于它高于现实生活，能进一步美化生活。这就要求我们进行多方面的思考和丰富的想象，根据装饰的具体需求，抓住对象的美的特征，并大胆运用省略、夸张等艺术手法，进行烹饪图形的设计与创造。

（二）图形设计的构思

当我们掌握了图形的基本规律和绘画方法以后，运用丰富的想象力和熟练的绘画技法就可以创造出新颖且富有意义的烹饪创意图形。这要求创作者进行深入思考，利用形与形的相似性，以及意与意的相关性，实现意与形的巧妙结合，从而创造出独特的烹饪图形。然而，烹饪图形设计的构思受食材的约束，设计不能过于天马行空，必须贴合实际条件，并遵循设计变化的准则。

设计变化的准则：①符合实际；②烹饪图形易于辨认；③图形需统一和完整，符合烹饪作品的要求。

（三）图形设计的表现方法

烹饪图形设计是一种艺术创造，其方式和方法多种多样。根据不同的专业性质，设计会有所侧重。下面介绍几种烹饪图形设计常用的方法。

1. 夸张法　夸张法是指对原物象的动态、形态、神态等特征进行夸大和强调，使原来的形象更加典型和程式化，以增强变化的效果和视觉冲击力。夸张手法在烹饪图形设计中应用广泛，可以使图形更具有趣味性和表现力。

2. 概括法　概括法，也称简化法，是一种删繁就简、将图形中的细节进行简化的设计方法。去除细节，只保留图形中的主要特征，可使图形更加简洁、明了。高度概括的图形仅画出图形轮廓线，这种方法更适合用于烹饪产品的制作和设计。

3. 几何法　几何法是通过几何变化来改变图形的一种变换方法。几何变换可以通过平移、旋转、缩放、倾斜等操作来创造出不同的形状和结构。几何变换通常应用于抽象图形设计中，如几何图形、抽象花纹等。

4. 添加法　添加法也称为"附丽"或"丰富"，是在已省略或夸张的形象基础上，通过添加新元素来改变图形的变换方法。这是一种"先减后加"的手法，不是回到原先的形态，而是对原来形象的加工和提炼，使图形意义更加深刻、丰富且多变。如传统纹样中的花中套花、花中套叶、叶中套花等设计，就是利用这种表现方法。此外，将两种或两种以上形状不一的元素巧妙组合，也能激发人们的联想，这种"借物发端"的手法在我国民间艺术中尤为常见。

在添加装饰时，要注意使添加的元素与原图形象有机融合，使纹样更新颖、更美观。

任务三　领会图案的概念与类别

任务描述

　　图案广泛存在于人类生活的各个领域，可以说，图案与人们的生活密不可分。其将艺术性和实用性融为一体。生活中具有浓郁装饰意味的图案数不胜数。图案为人们的生活带来美的享受和情绪上的愉悦。对原料自然形态进行重整、加工、美化等，可使菜点造型图案更富有美感，为生活增添情调与乐趣。系统地学习和掌握图案的知识和应用，是从事餐饮业的必要前提。

任务目标

　　1.了解图案的概念。
　　2.掌握图案的类别。

任务导入

　　认识图案纹样是烹饪图案艺术设计的基础，也是提高烹饪技艺的支撑手段。对图案系列知识的学习，可以为创造具有浓郁装饰特色的菜点图案打下坚实的基础。作为餐饮业的从业者，扎实地掌握图案综合知识是非常必要的。
　　思考：图案的广义和狭义概念分别如何理解？图案的基本形式包括哪些？

知识精讲

一、图案的概念

　　创作者们根据使用和美化的目的，按照材料的特性，并结合工艺和技术条件，通过艺术创作对器物的造型、色彩、装饰纹样等进行设计，然后根据设计方案实施并制作成图样。狭义的图案仅指器物上的装饰纹样和色彩。图案在中国有着深远的历史。在历史流转中，勤劳的人民在实践中积累了丰富的经验，形成了独具民族特色的传统图案。例如，建筑设计、家居布置、陶器制作、服饰设计、冷菜和热菜造型、商品包装等的装饰花纹和造型，都表现出了劳动人民的思想理念并具有实际使用价值，它们在世界艺术史中占有重要地位。

1. 广义的图案概念　广义的图案主要指对某种器物的造型结构、色彩、纹饰进行工艺处理而事先设计方案，根据该设计方案制成的图样。有些器物除了造型结构外，不太容易看到其他的装饰纹样，但属于图案范畴（或称立体图案）。

2. 狭义的图案概念　狭义的图案则指器物上的装饰纹样和色彩，例如我们在衣料中看到的花纹、瓷器上的花边纹饰等。

在图案设计过程中，我们可以在纸上绘制出设计的图案，也可以不将设计内容绘制在图纸上。当图案应用在需要大量生产的物品上时，则通常需要在纸上绘制出设计图案。当然，我国也有很多民间匠人，他们将所需的图案印刻在心中，所以在设计绘制过程中无须将设计图案事先绘制在图纸上。

二、图案的类别

1. 平面图案与立体图案　这两类图案是根据其空间表现形式来划分的。平面图案造型指在平面上的纹样设计，如烹饪中的"冷拼蝴蝶"及"一品山药"表面的精美纹饰。而立体图案造型则跨越至三维空间，通过雕、塑、切、拼等手法形成如"荷花酥""菊花酥"等立体造型。

2. 单独图案与几何图案　这两类图案是根据构图和形态来划分的。单独图案是一个独立的个体纹样，而几何图案则是由直线、曲线等几何元素组成的规则或不规则的纹样。这些纹样在烹饪中可以作为装饰元素，提升菜点的视觉美感。

3. 对称式图案与非对称式图案　这两类图案是根据对称性质来划分的。对称式图案以中心点或线轴为基准，其两边或四周的纹样相同或相似，给人以稳重、整齐的感觉。非对称式图案则更加灵活多变，注重纹样的均衡与协调。

4. 象形图案与抽象图案　这两类图案是根据表现手法来划分的。象形图案通过模仿自然物象的形态来构图，如花鸟、虫草等；而抽象图案则不直接模仿自然物象，是通过点、线、面等造型元素的组合和变化来表达作者的意图和情感。

任务四　探究烹饪图案的设计与应用

任务描述

通过探究烹饪图案的设计与应用，了解图案设计的目的。利用设计与应用的相关理论知识，将其运用于实践，使其在烹饪中发挥重要作用。

任务目标

1. 通过对本任务的学习，系统掌握烹饪图案设计方法及图案在烹饪中的应用。
2. 了解图案设计的目的，掌握图案的艺术规律，并能够运用图案变化形式进行设计。

任务导入

了解图案的构成形式，并将其运用于烹饪造型设计中。掌握图案设计的基本技能，提高烹饪造型设计能力和工艺表现水平。

思考：图案与烹饪之间的关系是什么？图案应如何设计与应用？

知识精讲

一、烹饪图案的设计

烹饪图案具有特定的适用范围与实用性。最早的图案出现在器皿等用品上，其目的是在保持原有造型美观的同时，使烹饪的菜点更具装饰效果，实现艺术性与实用性的结合，材料与装饰的统一，形成具有艺术形式美的作品。

图案设计是一个非常重要的环节，也是图案制作的基础。理想的图案形神兼备，从形式上看，其本质特征得到加强，更具有美化效果。

（一）图案设计目的

图案设计的目的是将现实中的各种形象，转化为适于特定工艺材料制作的图案，要求超越实际生活，达到审美标准，能够受到人们的喜爱。图案设计是一种艺术设计，其方法多种多样，讲究技巧和艺术性。

（二）图案设计原则

烹饪图案的设计原则以实用性为主，审美性为辅。由于食品保存时间的限制，菜点的制作不能像其他艺术品那样进行过于精细的雕刻。无论工艺造型如何精美，菜点最终都要被食用，因此其工艺美是有限的。烹饪图案设计时应注重原材料的选择、造型设计和艺术加工，以满足人们的审美需求。

（三）图案设计方法

1. **简化法** 简化法就是去除复杂部分，提取精华，概括提炼，保留物象最核心的部分和特征。可将物象的整体或布局简化成几何形状，以增强物象的艺术感染力。例如，菊花花瓣众多且瓣形复杂，简化处理可以使其形象特征更加鲜明。

2. 添加法　添加法不是抽象的结合，也不是对自然物象特征的扭曲，而是把不同情境下的形象组织结合，创造出新意，丰富艺术想象。这需要合理、自然，不生硬，不强制。

添加法是在简化法的基础上，根据设计要求，使形象更丰富的方法。这是一种"先减后加"的表现手法，但不是恢复物象原先的形态，而是对原有物象进行加工和提炼，使其更美、更富有变化性。

3. 变形法　变形法是对造型物象的某些特点进行强化和突出的方法，如放大或缩小。例如，在制作大嘴鸟造型时，有意识地强化其大嘴特征，使造型更加夸张和奇特。

在添加法的基础上，还有围绕迎福纳祥的寓意，使用象征、谐音等表现手法加入中国传统吉祥图案的设计方法。中国民间图案常用此方法，表达多子多福、百年好合等美好愿望。

（四）图案设计要求

图案设计应从整体出发，不论题材大小、内容多少、结构简繁，都要分清主次，使主题突出。要考虑主料与点缀的关系、具体位置的安排、左右对称、体积大小和布局、局部拼装的细节等。主要对象应放在显著的位置，也可以通过放大表现、细致刻画或鲜明色彩对比来突出主题。设计时要考虑主次、疏密、轻重、层次，使作品具体而有条理。

二、图案在烹饪中的应用

图案在烹饪中的应用是十分广泛的，例如在筵席设计中的冷菜、热菜、点心、果品、餐具等，都应组成具有整体美的图案。冷拼造型中的各种祥禽瑞兽图案、花卉风景图案，都是对厚薄不均、大小不一的原料进行刀工处理而形成的；热菜造型则多利用动植物原料的自然形象，运用烹饪技术进行创造；食品雕刻常运用特殊工具在瓜果或整块原料上雕刻造型，如各种瓜灯、瓜盅等。

（一）图案在冷菜中的应用

冷菜是经过冷制或热制后冷却再食用的一类菜肴的统称。作为中餐的重要组成部分，冷菜越来越受到人们的重视，其在中式筵席中必不可少。图案在冷菜中也有着广泛的应用。

1. 常见冷菜装盘图案　冷菜装盘图案多种多样，由于地区和习惯的不同，表现手法也不尽相同，除艺术冷盘外，常见的有以下几种图案。

（1）馒头形。将冷菜装入盘中，形成中间高、周围较低的馒头状，这是较普遍的一种装盘方式，常用于单盘，如盐水鸭、葱油蜇皮等。

（2）四方形。将冷菜进行刀工处理后，在盘中拼摆成线条清晰的正方形。也可将原料切成几个正方形重叠拼摆，形似古时的官印，称为"官印形"。这种图案一般用于单盘或双拼盘，如年糕、拌四季豆等。

（3）菱形。将原料切成片、块等形状后整齐地排列在盘中，呈菱形状。也可以用几种不同的冷菜原料拼摆成小菱形后再合成一个大的整形，一般用于单盘、拼盘，如叉烧、水晶猪蹄、鸡鸭等。

（4）桥梁形。将冷菜在盘中拼摆成中间高、两头低的形状，类似于桥梁。多用于单盘、双拼或三拼盘，如炝芹菜、火腿等。

（5）螺旋形。将冷菜拧成螺旋状放在盘中，常用于单盘，如单拼基围虾、蓑衣黄瓜、素鸡等。

（6）花朵形。将冷菜切成小菱形块、象牙块、片、段等形状，再拼摆成花朵样。一般适用于单盘、双拼、三拼及什锦拼盘，如包菜卷、皮蛋等。

2. 艺术冷盘图案　冷盘选用色泽鲜艳、口味多样的原料，通过精细的刀工处理（如雕切、拼摆），形成形态各异的花卉、鱼虫、禽鸟、人物等图形，具有观赏和食用价值，其主题鲜明、象征性强，深受人们喜爱。其中，民间图案寓意深刻，通过谐音、比喻、象征等表现手法来表达情意，寄托美好的愿望。因此，这类寓意图案也被称为"吉祥图案"。

（1）五福捧寿。五只蝙蝠绕着"寿"字飞行。蝠与福同音（谐音）。

（2）龙凤呈祥。龙、凤为最高吉祥物。龙，传说头似驼、角似鹿、眼似兔、耳似牛、项似蛇、腹似蜃、鳞似鲤、爪似鹰、掌似虎。凤传说为鸟中之王，集众鸟之美于一身。

（3）万象更新。以象驮万年青，或在象的披肩上饰以万字表意。象——象征吉祥。

（4）喜上眉梢。以喜鹊站立在梅梢上为图案。喜鹊——象征喜庆，梅与眉、楣谐音。

（5）福寿双全。用桃子（象征长寿）、蝙蝠（与福谐音）、两枚（一双）铜钱（与全谐音）组成。

（6）岁寒三友。以松、竹、梅经冬不凋、迎寒而立（开花）的特性，喻指君子（品德高尚的人）。

（7）青鸾献寿。以一双青鸾（似凤，为吉祥鸟）环绕"寿"字或桃子飞翔为图案。

（8）鸳鸯戏荷。根据鸳与鸯不愿分离的属性，喻夫妻关系，象征夫妻恩爱。

（9）六合同春。画鹿（陆、六的谐音）、鹤（合的谐音）、花卉、椿树（象征春天）。六合指天、地、东、西、南、北，即天下。

（10）凤穿牡丹。凤象征吉祥；牡丹象征富贵。二者结合，象征光明、美好、富贵。

（11）事事如意。"柿"与"事"谐音。画两个柿子（事事）和一个如意（一种象征吉祥的器物，长柄微曲，头呈灵芝形，多用玉、骨、竹制作）。

（12）平安如意。以如意插于瓶中表意。瓶与平安的"平"字谐音。

（13）连年有余。画莲花与鱼，莲与"连"、鱼与"余"谐音。

（二）图案在食品雕刻中的应用

雕刻艺术最早用于烹饪加工中，起初也只是作为王宫贵族宴饮菜肴的点缀，当时充其量只能算是雕刻艺术的雏形。经过世代相传，到了 20 世纪中叶，随着人们生活水平的提升，食品雕刻才真正作为一门艺术发扬光大，并渗透普及于饮食生活中。

利用瓜果、蔬菜等原料，雕刻出各种花卉、虫鸟、人物等图案，用以装饰菜点、美化筵席，这在我国烹饪刀工技巧中堪称一绝。一桌筵席，若能配上几个雕刻品种来点缀菜点，席间再摆上用果蔬花卉制作的盆景、花篮，便能增添喜庆气氛，令人赏心悦目。

目前，雕刻出的品种最多的是花卉，如菊花、牡丹花、牵牛花、梅花、马蹄莲、百合花、月季花、太阳花、玉兰花、剑兰花、雪莲花等。其次是动物，如蝴蝶、孔雀、凤凰、雏鸡、青蛙以及十二生肖等。

值得一提的是中国食品雕刻的精粹——扬州的西瓜雕。可供观赏的是西瓜灯，西瓜灯采用镂空雕刻技法，取对称几何图案，具有强烈的透视感，中间插上一支蜡烛，烛光映照更能衬托餐厅的喜庆气氛。既有观赏价值，又能作为筵席菜肴盛装器皿的当属"西瓜盅"。采用浮雕技法，在西瓜皮上雕出栩栩如生的花卉和动物。再将西瓜中间的瓜肉挖去，瓜盅便可用于盛装菜肴。西瓜盅主要由盅体和底座两部分组成。用西瓜盅盛装夏季时令菜肴，真是得天独厚、妙不可言。

（三）图案在热菜中的应用

图案在热菜中的应用指根据原料的质地和特性，运用精湛的刀工和原料热处理后的形态变化，掌握原料的美化形态，如柳叶形、长方形、圆形、半圆形等，赋予菜点更形象逼真的形态和更具艺术感染力的意境。这类烹饪图案不仅追求造型精美，还特别强调造型的艺术韵味，如"菊花鱼""葡萄鱼""松鼠鱼"等。

在 20 世纪 90 年代，中国餐饮业有这样一句话："冷盘图案化，热菜冷盘化。"菜肴的外观形态是食客能否接受的先决条件，应将其视作菜肴整体质量的一部分。利用原料固有的色泽和形态，采用切拼、搭配、雕刻、排列等技法，组合成各种平面纹样图案，围饰于菜肴周围，点缀菜盆一角或中间等，构成一个错落有致、色彩和谐的整体，从而起到衬托菜肴特色、丰富席面、渲染气氛的作用。

例如，松鼠鳜鱼：将鱼头下颌部位反扣在盘中作为头部，半条鱼身剞上斜十字花刀，形似毛发，鱼尾上翘，栩栩如生，有呼之欲出之感。菊花青鱼：青鱼肉丝经过斜批和直切，便呈现出一朵朵盛开的菊花，真可谓巧夺天工，引人入胜。二龙戏珠：构思巧妙，需用两条青鱼，其中用半条鱼重叠两次为龙头，尾鳍自然上翘为龙角，另半条鱼自然扭曲为龙身，另一条鱼依此法制作，盘中放一冬瓜球，将冬菇雕成龙爪镶嵌于龙身周围，二龙戏珠便神话般地出现在盘中。

诸如此类的工艺造型还有"鲤鱼跳龙门""凤求凰""霸王别姬""海底望明月""芙蓉海底松""葫芦鸭""鸳鸯三丝汤"等。真是推陈出新，美不胜收。但总体来讲，热菜受到原料质地变化的制约，没有丰富多样的原料可供选择利用，因而热菜造型不能像冷拼那样有充足的时间去细腻地刻画描绘。一般的热菜造型突出神似，以体现朴实、鲜明、简练的风韵，使热菜造型各具不同的审美情趣。

（四）图案在面点中的应用

1. 面点平面图案造型　指在面点的平面上进行装饰美化的造型方式，如月饼、蛋糕的表面装饰美化。其表现形式有以下三种。

（1）粘点式。利用点的大小、形状、疏密程度、规则与不规则等不同的排列变化，来构成表面的纹样装饰。这一方式主要利用各种不同质地、色彩和形态的点状面点原料，组织构成面点平面图案的设计。例如，在糕饼表面粘上芝麻，在江米切糕表面粘上青、红丝等。

（2）粘摆式。利用各种面点原料，如水果、蜜饯、果仁等，加工成不同形状和颜色的条、片、块，按照图案设计，通过粘和摆的方法来组织造型图案。

（3）裱花挤注式。面点中的裱花技术来源于糕点裱花，其大多采用奶膏、蛋白膏、油膏、糖膏等原料。基本的花型包括叶形、花形、线形、点形、圈形等。

2. 面点模具型图案造型　采用具有一定形态的图案模具，对面点基本形进行按压，使面点制品成为具有图案花色的成品。

（1）卡模。使用无毒无害的金属片，根据不同的形象设计成卡模，制成一种只有形体轮廓、上下镂空的孔状模具。使用时，将其平压在面坯上，用力按下，使模具内面坯与模具的四周分离，即成图案。

（2）印模。用硬质材料制成凹形的图案模具。使用时，将调好的面团装入模具凹槽中，经压实、摁紧、磕出，即成形态各异的图案，再经熟制加工，使之保持清晰的图案结构。

（3）面点立体图案造型。利用形象美观的图案造型，运用捏、剪、压、包、卷等手法制成具有三维立体结构的面点造型。面点立体图案造型的制作需要制作者有一定的审美能力和技巧，如"荷花酥""蝴蝶卷""朝霞映玉鹅"等。

现代筵席的规格越来越高，要求面点必须与之相配套。面点图案更是千姿百态、栩栩如生，有像花卉的，如菊花酥、梅花酥、牡丹酥、荷花酥、百合酥等。有像动物的，如鸳鸯蒸饺、舞姿鹅酥等。还有像植物的，如白菜蒸饺、四喜蒸饺等。尤其值得一提的是，近代创新品种南宁名点金丝蜜枣，以其形似蜜枣、以假乱真、色彩和谐的效果给人们留下了深刻的印象。扬州的翡翠烧卖，面皮薄而不绽，呈半透明状，可映出其中馅心，绿如翡翠。广东名点马蹄糕，滑甜、爽口、软滑、柔韧、晶莹透明。另外，近来在西点工艺方面还产生了立体造型，对构思、选料、成熟、组装等的要求更高，难度更大，集美术、雕塑、烹饪于一体。如"梅花傲雪"盆景、"熊猫戏竹"园景等，惟妙惟肖，乃面点造型艺术中的奇葩。此外，中国船点也是个中翘楚。中国船点主要指太湖地区苏州、无锡船上用的点心，其做工之精巧、造型之精美，无与伦比。其美学特征在于形逼真、体小巧、供观赏、能食用，如玉兔、天鹅、仙鹤、葫芦、荸荠、莲藕等。近来由于旅游业的发展，尤其水上旅游景观的开发，船点制作热度又逐步回升。

知识链接

项目小结

　　本项目主要探究图案的设计与应用。可通过对物象的分析和研究，进一步把握物象的基本特征，掌握图案的变化和构图原则，为图案在烹饪中的运用进行合理的优化，创造出新颖的烹饪菜肴。

同步测试

扫码看答案

一、选择题

1.（多选题）图形是一种由（　　　　）等基本元素组成的抽象表现手法，用以表示物体的形状、大小、位置等特征。

　　A. 点　　　　　　B. 线　　　　　　　C. 面　　　　　　　D. 线段

2.（多选题）慢写就是对各种物象进行认真细致的研究，并不单是指在描绘速度上放慢，而是指在较短时间内用简练、生动的笔触更深入地表现物象的（　　　　）。

　　A. 形　　　　　　B. 神　　　　　　　C. 意　　　　　　　D. 韵

Note

二、填空题

1. 图形是一种由点、线、面等基本元素组成的抽象表现手法，用以表示物体的_____、_____、_____等特征。

2. 图形的奇特性主要是指图形可以给人以新的_____，有利于加强_____，从而达到奇特的效果。

三、简答题

1. 简述图案设计的目的和原则。

2. 简述图案在热菜中的应用。

3. 图形的类别包括哪些？

4. 什么是图案的变化？

模块二

烹饪工艺美术技能模块

项目五 领会烹饪的造型艺术

思维导图

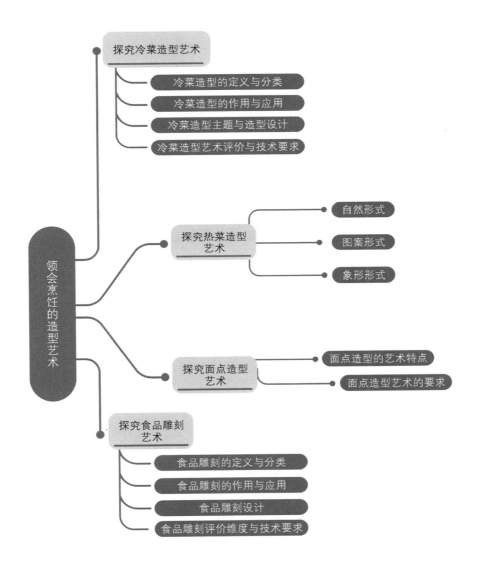

领会烹饪的造型艺术

- 探究冷菜造型艺术
  - 冷菜造型的定义与分类
  - 冷菜造型的作用与应用
  - 冷菜造型主题与造型设计
  - 冷菜造型艺术评价与技术要求
- 探究热菜造型艺术
  - 自然形式
  - 图案形式
  - 象形形式
- 探究面点造型艺术
  - 面点造型的艺术特点
  - 面点造型艺术的要求
- 探究食品雕刻艺术
  - 食品雕刻的定义与分类
  - 食品雕刻的作用与应用
  - 食品雕刻设计
  - 食品雕刻评价维度与技术要求

Note

项目描述

在烹饪工艺美术的学习中，烹饪造型艺术是最突出、最重要的部分，是体现烹饪艺术性的重要技术手段之一。烹饪造型艺术包括冷菜造型艺术、热菜造型艺术、面点造型艺术、食品雕刻艺术四个部分。在实践应用中，这些造型艺术既能够独立存在，又可相互配合，共同构成一种综合性的造型艺术。

项目目标

通过对本项目的学习，系统地掌握冷菜造型艺术、热菜造型艺术、面点造型艺术、食品雕刻艺术的具体内容及造型方法，了解各造型艺术的审美特征，进而提升自身的艺术鉴赏及审美能力。

职业能力问题导入

1. 如何对冷菜进行造型艺术设计？
2. 热菜的造型艺术有哪些表现形式？
3. 面点造型的艺术特点有哪些？
4. 食品雕刻艺术的基本设计方法。

任务一 探究冷菜造型艺术

任务描述

冷菜造型是烹饪工艺美术中重要的组成部分之一。对冷菜进行艺术设计与技术加工，可使冷菜在视觉上更具美感与吸引力，是提升用餐兴趣与营造用餐气氛的重要手段。

任务目标

1. 掌握冷菜造型的艺术特点与造型逻辑。
2. 掌握冷菜视觉设计的要点与方法。

职业能力问题导入

1. 如何进行冷菜造型设计？
2. 冷菜造型涉及的问题有哪些？

在学习本任务之前，了解不同冷菜造型样式与冷菜基础加工制作技术。

项目实践

1. 请对一款普通凉菜进行造型设计。
2. 请根据筵席主题，设计一组与筵席配套的冷菜。

知识精讲

一、冷菜造型的定义与分类

1. 冷菜造型的定义　冷菜，也称冷盘、冷拼或工艺冷菜，是包含冷制冷食、热制冷食以及冷制热食在内的菜品，也是仅次于热菜的一大菜类，冷菜与面点、汤品、酒水和食品雕刻共同构成了具有中国饮食文化特点的中式筵席。

冷菜造型是指运用各种烹饪原料，通过切配、拼摆、雕刻、镶嵌等技法，将冷菜食材塑造成具有一定形态、色彩和意境的艺术作品。它是烹饪艺术与造型艺术的结合体，旨在提升冷菜的观赏性和艺术性，给人以美的视觉享受和味觉期待。冷菜造型不仅可以展现厨师的技艺水平和创意能力，同时也能为餐饮场所营造出独特的氛围及展现文化特色。

2. 冷菜造型的分类　冷菜造型根据不同需求可分为平面冷菜造型、半立体冷菜造型和立体冷菜造型。对于菜品来说，没有绝对的平面或立体，我们所说的平面、半立体和立体都是在视觉感官感受范围内的认知。

（1）平面冷菜造型：仅在盛器平面范围内进行的冷菜造型设计。

（2）半立体冷菜造型：在盛器平面范围和部分高度范围内进行的冷菜造型设计。

（3）立体冷菜造型：较少考虑盛器平面范围，更多的是在盛器高度范围内进行的冷菜造型设计。

二、冷菜造型的作用与应用

1. 冷菜造型的作用

（1）美化菜肴：运用冷菜造型手法，对冷菜进行美化，使冷菜的形状、整体感觉得到提升，让冷菜更具整齐、细致的美感与一定的欣赏价值。

（2）烘托筵席、宴会气氛：在筵席和宴会中，具有艺术感的冷菜往往具有非常强的表现力，可以让客人很快融入筵席之中，并营造出强烈的仪式感。

2. 冷菜造型的应用

（1）主题烘托：通过造型设计与内涵诠释，冷菜展现出极强的表达主题的能力。冷菜的这一特性可以起到给筵席或宴会点明主题的作用。

（2）提高筵席档次：冷菜的选料精细，且对工艺与技术要求较高。利用不同工艺制作的冷菜具有不同的视觉效果和艺术效果，可以很好地提高筵席档次。

三、冷菜造型主题与造型设计

1. 冷菜造型主题设定　冷菜造型的主题是根据筵席或宴会的主题来设定的。冷菜主题需要贴合筵席类型和应用场景，并拥有积极向上的吉祥寓意。

筵席类型	场　景	冷菜主题	寓　意
生日	庆生	麒麟送子	天上麒麟儿，地上状元郎
	寿宴	松鹤延年	如松鹤般高洁、长寿
		福寿双全	既有福分，又得高寿
婚庆	新婚	百年好合	携手一生，情投意合
	金婚、银婚	好事连年	好的事物一年接一年到来
		鸾凤和鸣	夫妻和谐
升学	高考	连中三元	接连考得"解元""会元""状元"
	拜师	程门立雪	恭敬求教，尊师重教，虔诚求学
	谢师	春风化雨	赞颂师长的教诲得当
商务	接待	迎客松	财运滚滚，有好事降临
	开业/开盘	财源广进	四面八方的财富汇聚而来
		马到功成	事情顺利，一开始就取得胜利
	签约	齐头并进	携手同行，共同进取
		同舟共济	团结互助，同心协力，战胜困难
	尾牙	步步登高	一步步提升，来年顺利
节庆	春节	喜鹊迎春	来年吉祥，多好事
	端午	碧波龙舟	事事顺利
	中秋	花好月圆	美好圆满，阖家团圆
	重阳	皓月当空	身体康健，老当益壮

2. 冷菜造型构图设计　冷菜的造型是对画面的近景、中景、远景和留白，还有主、辅、缀、空进行设计。其中的虚与实、满与空的巧妙处理，可以给画面带来不同的质感和丰富的层次。

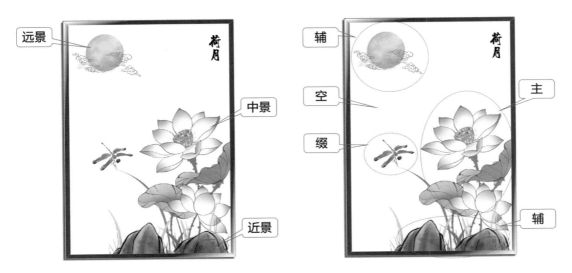

在一个画面中，不同元素之间的位置、远近以及相互关系的变化，会带来"意"的改变。下面我们来看看，在以荷花为画面主体时，变换不同元素之间的位置关系，将会带来什么样的效果。

在《荷月》这幅作品中，荷花占据了画面的较多位置，突出了荷花的主体作用，因此题目也自然以花为主。圆月、祥云与荷花的布局相呼应，一遥一望，蕴含着作者的美好愿望。蜻蜓是整个画面的点睛之物，它轻轻地浮于草叶之上，生怕惊扰了此时的宁静。

在《连年有余》这幅作品中，荷花与金鱼在画面中所占的比例相对均衡，一静一动的两个形象给人以互动感和依存感，它们相生相伴，呈现出强大的生命力。

在《亭亭玉立》这幅作品中，荷花的茎枝笔直挺立，花头饱满绽放，荷叶挺立展开，展现出旺盛的生命力。近景的荷花与远山相映成趣，给人带来深深的盼望与向往之感。

四、冷菜造型艺术评价与技术要求

在欣赏或品评冷菜作品时，需要从冷菜造型设计和造型技术两方面进行评价。

1.冷菜造型设计评价　对冷菜作品造型设计的评价需要从以下几方面进行。

（1）作品造型设计是否与主题相匹配。作品中主体是否突出、明确，副体与点缀之间的关系是否协调呼应，决定了作品与主题的匹配效果。

（2）作品造型设计所呈现的画面构图风格，是否符合相应的构图原则。画面中的各部分应布局合理，避免显得杂乱。整个画面具有整体性，各元素之间相互呼应，用色简洁明快，这样的作品才会给人带来愉悦感，并给筵席带来美好、愉快的氛围。

（3）作品造型设计中用料、用色是否具有一定逻辑性，并符合审美需求。一般来说，浅色的原料适合用于制作画面中给人以轻、薄感觉的元素，如云雾、光线、羽毛等；而深色的原料适合用于制作具有分量感的元素，如山石、树木、土地等。

2.冷菜造型技术要求

（1）用料要求：选料新鲜、色泽自然、口味适宜、加工适度，根据原料的色泽、质地和纹路进行合理运用。

（2）刀工要求：通过刀工处理，形成所需要的形状及厚度的食材。在处理过程中，确保刀面干净平整，片型厚度均匀一致。相同的片状原料需要做到薄厚一致、形状统一、刀面整齐、无连刀现象，整体刀工表现的精细度需要保持一致。可能还需要应用精细的雕刻技艺，以确保所制作的装点造型与拼摆码面的精细度相协调，避免突兀或分离感。

（3）拼摆要求：垫底塑形是冷菜造型的基础，垫底的形状和精细度会极大影响码面和装点的最终效果。根据作品设计，拼摆应层次分明、间距细腻一致，形态饱满且平整，原料没有明显凹凸、翘边或断裂现象。

（4）食用要求：具有可食性，调味需准确，口感应适宜，没有风干、失水、污染等现象。

（5）卫生要求：冷菜加工时，需注意器具的分色使用、个人卫生及环境安全，确保原料生熟分开，防止交叉污染。合理控制加工时间，保证食材的新鲜与呈现效果。操作环境应保持光线充足、通风良好、温度适宜。在操作过程中，保持手部的清洁与卫生，并且严格按照即食食品的安全操作流程进行冷菜的加工制作。此外，加工环境的温度应保持在25℃以下。

3.冷菜造型应用场景　在不同应用场景中，对冷菜造型设计的要求也不同，需要根据具体的应用场景进行相匹配的设计调整。

（1）在食用场景中，冷菜造型设计的重点除了考虑作品的艺术性之外，更需考虑其食用性，应注重冷菜的口感。

（2）在展示场景中，冷菜造型设计的重点在于怎样使冷菜作品更具有观赏性，这需要考虑环境光线、氛围以及整体的视觉感受。

（3）在竞赛场景中，冷菜造型设计的重点，首先要符合赛事对冷菜作品的基础要求，其次要突出作品的艺术感、设计感等。

任务二　探究热菜造型艺术

任务描述

　　通过探究热菜造型艺术，了解热菜图案的艺术特点及审美要素，加深对热菜造型具体要求的理解；通过设计制作热菜作品图案，增强观察能力，培养创作能力，提高审美能力。

任务目标

通过对本任务的学习，明确热菜造型的艺术特点，掌握热菜造型艺术的表现形式和具体要求，熟悉如何设计热菜造型。通过对热菜造型艺术的学习，提升艺术鉴赏能力，提高烹饪技能和创作能力，为创造菜点的最佳造型奠定良好的基础。

任务导入

运用盘饰工具、原料，结合所学构图及色彩搭配知识，设计并制作一款完整的热菜造型作品。

思考：热菜造型艺术的表现形式有哪些？

知识精讲

热菜以其精湛的工艺、雅致的造型和绚丽的色彩凸显出高端的艺术效果，令人垂涎欲滴。热菜作品需突出色、香、味、形、器等，在烹调完成后要以最快的速度呈现在客人面前，其最大的特点是趁热食用。

热菜的制作过程包括原料初加工、分档选料、刀工成形、初步熟处理、加热烹制、调味、装盘等，切配技术和烹调技术是构成热菜造型的基本条件。其中，切配技术使菜肴原料发生"形"的初步变化，是构成热菜造型的主要条件；烹调技术不仅使菜肴原料的"形"更完善、色泽更鲜艳，还是热菜造型得以存在和发展的根本。由此可见，掌握好切配技术与烹调技术是热菜造型艺术的基础。

热菜造型艺术的表现形式丰富多彩。它通过艺术设计给人以美的感受，满足人们的精神享受，同时也能起到陶冶情趣、增进食欲的作用。造型的形式美是多种多样的，有自然朴实之美、绮丽华贵之美、淡雅别致之美、行云流水之美和整齐划一之美等。热菜造型艺术的表现形式一般采用自然形式、图案形式、象形形式等。

一、自然形式

自然形式热菜造型的特点是形状完整、自然朴实、简洁大方，在烹调过程中保持原有的自然形态，如菜肴"烤乳猪""脆皮乳鸽""盐焗鸡"等，就是以菜肴本身的自然形状作为造型的热菜。这些菜肴装盘时应着重突出形态特征最明显、色泽最艳丽的部位。自然造型的菜肴装盘时，可以用一些简单的果蔬雕刻进行点缀，或者用一些新鲜的花草装饰在菜肴的周围，可达到高端的艺术效果。

二、图案形式

图案形式是指菜肴在遵循图案的形式美法则的基础上，通过丰富的几何变化、围边装饰、原料自我装饰等多种形式，以一定的图案模式呈现，达到美观大方、诱人食欲的效果。图案形式包括以下几种。

（一）几何图案构成

菜肴的几何图案构成，是把烹制成熟的菜肴主、辅原料按特定的构图形式进行装盘的一种装饰方法。在装盘时必须按照设计，有规律地排列、组合这些原料，形成连续排列、间隔排列等不同形式的几何图案。其组织排列方式有散点式、斜线式、放射式、直线式、组合式等。

（二）围边装饰构成

围边装饰是使用蔬菜、瓜果、巧克力、果酱、糖类等食材制作成各式各样的图案，以美化菜肴的一种方法。围边装饰在制作工艺上应遵循以下四条原则：其一，装饰原料组成的图案内容应与菜肴主题相协调；其二，围边原料必须干净、卫生、可食用；其三，制作工艺简单，易于推广；其四，围边原料应色彩鲜艳、图案清晰、对比和谐。

1. 围边原料　一般根据不同的季节选用当季新鲜的、色彩鲜艳的绿叶蔬菜和瓜果。不同风味的热菜，所选用的围边原料往往有很大的差异。例如，煎炸菜肴常配爽口的原料，甜味菜肴多以水果相衬。用于热菜围边的原料应能够食用，在制作之前必须经过洗涤和消毒处理，操作时要使用专用的刀具和砧板，对卫生要求极高。

2. 围边装饰形式

（1）平面围边装饰：以常见的新鲜水果、蔬菜做原料，利用这些原料天然的色泽和形状，通过切拼、雕刻等技法，创造出各种平面纹样，围饰于菜肴周围、点缀于菜盘一角或菜肴的中间等，构成一个错落有致、色彩和谐的整体，从而起到烘托菜肴特色、丰富席面、渲染气氛的作用。平面围边装饰形式一般有以下几种。

①全围式花边：即沿着菜肴的周围制作花边。这类花边在热菜造型中最为常用，它以圆形为主，也可根据盛器的外形围成椭圆形、四边形等。

②半围式花边：即沿着盘子的半边拼摆出花边。它的特点是统一中蕴含变化，不求对称，但求协调。这类花边主要根据菜肴装盘形式和在盘中的位置而定，要掌握好盛装菜肴的位置比例、形态比例，使色彩和谐统一。

③对称式花边：即在盘中制作相互对称的花边形式，多用于腰盘。其特点是对称和谐、丰富多彩，常用形式有上下对称、左右对称、多边对称等。

④象形式花边：根据菜肴烹调方法和选用的盛器款式，花边可围成具体的图形，如扇面形、花卉形、叶片形、花窗格形、灯笼形、花篮形、鱼形、鸟形等。

⑤点缀式花边：用水果、蔬菜等原料，点缀在盘子某一边，以渲染气氛、烘托菜肴。其特点是简洁、明快、易做，没有固定的模式。一般是根据菜肴装盘后的具体情况，选定点缀的形式、色彩以及位置。点缀花边有时是为了追求某种意趣或意境，有时是为了填补空白，如盘子较大而装盛的菜肴显得分量不足时，可用点缀式花边进行补充。

⑥中心与外围结合花边：这类形式的花边较为复杂，是平面围边与立雕装饰的有机组合，常用于大型豪华宴会或筵席。因选用的盛器较大，装饰时应注意菜肴与形式的和谐统一。中心食雕力求精致、完整，并把握好层次与节奏的变化，使菜肴整齐美观、丰盛大方。

（2）立雕围边装饰是一种主要用食雕作品进行装饰的围边形式，一般配置在筵席的主桌上和彰显身份的主菜上。要注意选用的立雕作品内容与菜肴相协调。立雕工艺有简有繁，体积或大或小，一般根据特定的命题来选材并设计造型，如在婚宴上选用具有喜庆意义的吉祥图案，配置在与筵席主题相吻合的席面上，起到加强主题、增添气氛和食趣、提高筵席档次的作用。

（3）菜肴围边装饰也称菜肴自我围边装饰，是利用菜肴主、辅原料，烹制成各种生动形象的造型，按照一定模式装盘，让菜肴自身成为装饰陪衬的一种方法。例如，制作灯笼形、金鱼形、梅花形、蝴蝶形等菜肴时，单独的菜肴成品依据形式美法则围拼于盘中，使食趣与审美融为一体。如菜肴"富贵灯笼豆腐"和"荔香"。

三、象形形式

在热菜造型艺术的表现形式中，不同的造型手法会产生各具特色的艺术效果。我们主张热菜造型"神似"，但并非完全放弃"形似"，因为有些菜肴的"形似"同样令人赞叹不已、食欲大增。关键在于二者都必须遵循"实用为主，审美为辅"的美学原则和烹调工艺规律，才能创作出集色、香、味、形、意为一体的美味佳肴。热菜造型的象形形式一般有两种表现方法：一是写实手法，二是写意手法。

1. 写实手法　这种手法以物象为基础，加以适当的剪裁、修饰，对物象特征和色彩进行塑造，力求简洁大方、生动逼真。例如，将鱼茸打胶后挤制成鱼丸，再在外面裹上炸好的颗粒，做成荔枝的造型，随后入油锅浸炸至熟，最后装盘成菜；又如，同样用鱼茸打胶，挤成金针菇的造型，放入温水锅中浸煮至熟，装盘成菜。这两道菜就是采用写实手法制作而成的，成品新颖别致，造型逼真，艺术视觉极佳。

2. 写意手法　写意不像写实那样仅在物象的基础上加以调整修饰即可，而是需要把自然物象进行一番改造。它可以突破自然物象的束缚，充分发挥创作者的想象力，灵活运用各种处理方法，进行大胆的加工，同时又不失物象的固有特征，符合烹调工艺要求。这种变化使物象更加生动活泼，给人以全新的感觉。例如，"荷塘蛙趣"一菜，此菜造型以鸡脯肉为主料，运用图案变形中的写意手法，把鸡脯肉制作成青蛙造型，色彩清新，寓意深远；再如，将鱼茸打胶，利用写意的手法制作成绣球造型，其食用价值和观赏价值都极高。

从以上热菜造型艺术的表现形式来看，热菜与冷菜造型的较大区别在于，冷菜造型是利用未烹制过的或烹制过的原料，根据筵席的主题内容进行设计的，在一定程度上可以进行精切细拼；而热菜造型与制作过程紧密相连，其在选料、加工、烹制、装盘等环节的基础上一气呵成。因此，设计者需要具备一定的美术知识及艺术修养，才能使设计的热菜作品造型达到较高的艺术境界。

任务三　探究面点造型艺术

任务描述

通过探究面点造型艺术，了解面点图案的艺术特点及审美要素，加深对面点造型具体要求的理解；通过设计并制作面点作品图案，增强观察能力，培养创作能力，提高审美能力。

任务目标

通过对本任务的学习，明确面点造型的艺术特点，掌握面点造型艺术的具体要求，熟悉如何设计面点造型作品。通过对面点造型艺术的学习，提升艺术鉴赏能力，提高烹饪技能和创作能力，更好地辅助专业工作。

任务导入

运用面塑工具、轻黏土等材料，结合所学构图及色彩搭配知识，设计并制作一款完整的象形点心作品。

思考：面点造型的艺术特点有哪些？面点造型艺术有哪些具体要求？

知识精讲

面点造型是将调制好的面团和坯皮，按照面点的要求包以馅心（或不包馅心），运用各种造型手法，以自然美和艺术美的方式，捏塑而成的各式各样的成品或半成品。面点造型的基本功能在于给进食者自然的美感享受，从而增进宾客的食欲，带给他们丰富的艺术享受。

我国面点品种繁多，制作精巧，美味可口，营养丰富，造型生动，色彩鲜明，装盘美观，注重食用与欣赏的双重结合。在国际交流的筵席上，花色造型面点受到中外宾客的广泛称赞，被誉为"食的艺术"和"艺术杰作"。

一、面点造型的艺术特点

（一）雅俗共赏，品类繁多

品种丰富多样，按成形的程序来划分，可分为三类：第一类是先预制成形再烹制成熟，我国的绝大多数糕点、包饺等属此类，它们在包入馅心后即成最终形状；第二类是边加热边成形，包括小元宵、藕粉圆子、煎饼、刀削面、拨鱼等品种；第三类是先加热成熟再处理成形，多用于制作凉糕，如凉团、如意凉卷、年糕等。

按成形的手法来分，可分为揉、搓、擀、卷、包、捏、夹、剪、抻、切、削、拨、叠、摊、按、印、钳、滚、嵌等；按制品完成的形态又可分为饭、粥、糕、团、饼、粉、条、包、饺、羹、

冻等；按面点造型风格来分，可分为简易型、雕塑型、图案型、拼摆型；按其体态分，可分为固态造型和液态造型（汤羹），还可以分为平面型和立体型；按其色调来分，可分为淡素型（如白色包饺、水晶冻糕等）和有色型（如苏式船点、四喜饺等）；按面点造型的特征来分，可分为圆形（大圆形、小圆形）、方形、椭圆形、菱形、三角形等；按面点造型品类及分量来分，可分为整型（苏州艺术糕团）、散型（大葱油饼改刀散装）、单个型、组合型（如"百花争艳""鸳鸯戏水"）等。

（二）食用与审美紧密结合

　　面点造型制作有其独特的表现形式，面点师们用灵巧的双手，运用多种造型手法将其塑造而成，使人们在享受美味的同时也能感受到一种心旷神怡的美妙，激发出人们对美好的联想。此外还能起到烘托气氛、增强食欲的作用。

　　面点造型艺术将食用与审美融于一体，其中食用是主要目的。因此，面点造型制作中一系列操作技巧和工艺过程，都应围绕着这个目的进行，使面点既能满足人们的饮食需求，又能提供一种美好的视觉享受。

　　1. 食为本，味为先　面点是味觉艺术。美食的真谛就在于"味"。面点造型制作中的一系列操作程序和技巧，都是为了制作出既有较高食用价值，又能给予人们美味享受的面点，这是面点制作的关键所在。如果面点仅靠造型吸引眼球，但味道欠佳，就难以称为美食。中国面点讲究色、香、味、形、器的和谐，其品评标准当然是以"味"为先。因此，在制作花色造型面点时，必须要坚守以食为本的原则，如果脱离了这一原则而单纯地去追求艺术造型，就会偏离烹饪的根本目的，做出"金玉其外，败絮其中"（只好看而不好吃）的品种，这样的产品终究无法得到消费者的认可。

　　2. 重形态，求自然　面点是造型艺术，其美观外形取决于面点的"色"和"形"。除了注重味觉体验外，面点还需具有一般造型艺术的特征。因此，制作花色造型面点在追求美味的同时，也要塑造出美的视觉形象，以激发人们的食欲。毕竟，面点是要被人们品尝才能感觉出美味的。再美味的点心，如果外形令人不悦，失去品尝的欲望，那口味就无从谈起，更无法展现其食用价值了。

　　面点的形主要是通过面团和面皮表现出来的。自古以来，我国面点师就善于用面团捏制形态各异的花卉、鸟兽、鱼虫、瓜果等造型，以增添面点的视觉吸引力和食用乐趣。面点的形态和色彩是人们首先注意到的。"货卖一张皮"，这是被公认的商品销售心理。尤其是在当今的商品经济时代，外观精美的花色造型面点更能赢得顾客的青睐，从而给企业带来更好的经济效益和社会效益。

　　在制作面点造型时，我们倡导和发扬面点艺术的自然美，顺应现代审美发展的大趋势，追求简洁、明快、抽象的风格，坚决摒弃那些烦琐装饰、刻意写实、矫揉造作、添枝加叶的做法。在色彩方面以自然色彩为主，体现食品的自然特色。色彩会对人们的情感产生极大的影响，自然又丰富的色彩不仅能影响心理，而且能增强食欲。色彩与造型的完美结合，可使面点制品达到较高的艺术境界。如果制品的色彩太单调，难以表达主题，必要时也可适当添加，但应优先选择天然色素。面点制品色彩要保持淡雅，过度添加色素或浓妆艳抹只会让人感到俗气。

（三）精湛的立塑造型手法

　　面点的立体造型是内在美与外在美的结合。经过严格的艺术加工，面点精致玲珑的艺术形象能产生强烈的艺术感染力。面点造型与美术中的雕塑手法十分接近，可以说，面点造型工艺是一种独特的雕塑创作。

　　面点造型是通过一系列精湛的操作技艺（如包、捏）而成的各种面点形象，有各自不同的形态、色彩和表现手法，是各种整体造型的艺术缩影。如通过折叠、推捏而制成的孔雀饺、冠顶饺、蝴蝶饺，通过包、捏而制成的秋叶包、桃包，通过包、切、剪而制成的佛手酥、刺猬酥，通过卷、翻、捏而制成的鸳鸯酥、海棠酥、兰花饺，以及各种花卉、鸟兽、果蔬的象形面点等。

　　面点立塑造型方法是指利用各种面团的不同特性（如冷水面团的柔韧性、延伸性，澄粉面团的可塑性等），通过不同的成型手法塑造出各种造型的方法。这种造型方法是技巧与艺术的结合，难度较大。它要求面点师不仅具备娴熟的立塑技艺，熟练地掌握坯皮的特性、包捏的限度以及在加热过程中的变化规律，还要有扎实的美术知识及较高的艺术修养，才能使作品达到完美的艺术境界。

（四）操作的艺术观赏性

　　面点的造型艺术类似于微雕艺术，每个品种都是栩栩如生、小巧玲珑的精美艺术品，有较强的欣赏性。此外，面点造型操作更给观赏的人们带来耳目一新的感受。在制作面塑时，一块普普通通的面团转眼间从面点师的手中转化为一个栩栩如生、做工精致的卡通形象；而在制作拉面时，面团在师傅的操控下舞动，瞬间变成千万根银丝，或者是片片雪花般的面片精准地落入汤锅，这种视觉享受堪比一场大师级的演出。

　　面点造型操作和其他艺术一样，具有较高的观赏性，也越来越受到人们的喜爱。如今，在许多高级宴会上和新闻媒体中都可以看到面点大师们精湛的艺术表演。

二、面点造型艺术的要求

（一）掌握皮料性能

　　不同的面点造型对面团性质有不同的要求。大部分的面点造型具有较强的立体感，因此，这些面点造型选用的面皮坯料必须有较强的可塑性，同时质地要细腻柔软，以满足面点立塑的基本条件。由糯米、粳米、薯类制成的面团就具有这种特性。用面粉制成的面团，烫面的可塑性较强，可用于一些相对复杂的面点造型，如花色蒸饺、四喜饺等；一些简易的造型点心，如象形点心"寿桃""菊花花卷"等，则可采用发酵面团（最好用老面发酵的嫩酵面，以免熟制后变形）制作；若以薯类作皮，须加入适当的辅料，如糯米、面粉、鸡蛋、豆粉等，以便于成形；用澄粉制作粉料的面团，色白细滑、可塑性强、透明度好，最宜制作一些象形花色品种，如"硕果粉点"中的苹果、李子等，造型逼真，色泽自然。

（二）配色自然和谐

　　配色是面点造型艺术的重要手段之一。在历代前辈面点师的长期实践下，我国面点师创造出了多种多样的配色方法及技巧，自然和谐的面点色彩与生动灵巧的面点造型交相辉映，不仅给人高雅的艺术享受，同时又散发出食物的诱人气息。

　　面点的色彩讲究和谐统一，有的以馅心原料的天然色泽配色，如火腿的红、青菜的绿、熟蛋清的白、蟹黄的黄、香菇的黑等，制成鸳鸯饺、一品饺、四喜饺、梅花饺等；有的利用天然色素配色，如红色的红曲粉、苋菜汁、番茄酱，黄色的鸡蛋黄、南瓜泥、姜黄，绿色的青菜汁、菠菜汁、荠菜、丝瓜叶汁，棕色的可可粉、豆沙等。此外，合成的食用色素在面点造型中也偶有运用，合成色素的色彩只需要满足简易的组合和搭配即可。过多的用色和不卫生的重染，不但起不到美化的目的，反而会适得其反，引起人们的反感。

　　面点造型艺术首先应该是吃的艺术，特别是近年来随着社会的发展及人们审美情趣的提升，对自然之美的崇尚愈发显著。因此，现代面点造型色彩的运用应始终以食用为出发点，坚持本色，少量缀色。

（三）馅心选用适宜

　　为了使面点的造型美观且富有艺术性，必须注重馅心与皮料的搭配相称。通常包饺的馅心可以软一些，而花色象形面点的馅心不宜稀软，以免影响皮料立塑成形，导致面点出现软、塌甚至漏馅等现象，从而影响面点造型艺术的效果。因此，不论选用甜馅还是咸馅，用料和味型均要讲究，不能只重外形而忽视口味。若采用咸馅，烹汁宜少，并制成全熟馅，尽量使其与面点的造型相得益彰。如做"金鱼饺"时可选用鲜虾仁作馅心，即成"鲜虾金鱼饺"；

对于花色水果点心如"玫瑰红柿""枣泥苹果"等，则应选用果脯蜜饯、枣泥为馅心，确保馅心与外形互相衬托，突出成品的风味特色。

（四）造型简洁而夸张

面点造型艺术对于题材的选用，要结合时间、心理因素和环境因素，宜采用广受欢迎、形象简洁的物象，如喜鹊、金鱼、蝴蝶、鸳鸯、孔雀、熊猫、天鹅等。面点造型艺术的关键是要深入生活，准确把握所要制作物象的主要特征，在此基础上进行适当夸张，就能获得面点造型最佳的审美效果。如玉兔造型，必须抓住兔耳、兔身和兔眼三个部位的明显特征，通过长长的大耳朵、饱满的兔身和红色原料嵌成的兔眼，就能制作出活泼可爱的小白兔形象。

又如"企鹅"造型，应着重强调企鹅那笨拙可爱的身体特征，这种夸张的造型手法要妙在"似与不似之间"。如果过分讲究逼真，费工费时地精雕细琢，一是在手中的操作时间过长，食品容易受到污染；再者，无论多么漂亮的点心，最终目的是要入口食用，一经上桌被食用，其观赏价值便随之消失。若过分追求奇巧，可能会流于形式，甚至弄巧成拙，影响食欲。因此，以食用为主的面点造型艺术应适可而止，不必丝丝入扣。

（五）装盘卫生讲究

在装盘呈现方面，一碟面点应该是许多单个面点完美组合的艺术整体。面点师高超的制作技艺及艺术造型能力尤为重要，不可敷衍了事，胡乱拼摆，而要根据面点的色和形选择适宜的器皿及呈现方式。不必拘泥于把面点整齐地摆在盘中，而应排列成富有美感的形态。也可以尝试采用立体的方式，以突出面点的色彩及形态之美。

近年来随着餐饮界各类赛事的发展，餐饮经营中出现了一些造型精美、意境深远的面点作品，有的在面点旁点缀一些花草进行装饰，有的利用灯光背景并辅以茶几支架进行面点制作，营造出身临其境般的用餐氛围，令人赞叹，不一而足。然而，在追求美观的同时一定要注意食品卫生安全，不要为了美化效果而让面点受到污染。

任务四 探究食品雕刻艺术

任务描述

本任务主要介绍关于食品雕刻的相关知识，使学生更加深入了解食品雕刻的意义和重要性，为食品雕刻的学习打好坚实的基础，提高相关认知。

任务目标

1. 了解食品雕刻的定义、分类、作用与应用。

2. 掌握食品雕刻作品的基本设计方法。

3. 理解食品雕刻的评价维度与技术要求。

任务导入

1. 学习食品雕刻的意义是什么?

2. 食品雕刻与烹饪的关系是什么?

知识准备

在学习本任务前, 配合教学内容了解用不同食品雕刻的优秀作品, 对食品雕刻的多种形式有基础的认知。

项目实践

制作食品雕刻作品赏析 PPT。

知识精讲

一、食品雕刻的定义与分类

1. 食品雕刻的定义　食品雕刻是中国烹饪艺术的重要组成部分, 是指运用专门的刀具和精湛的刀法将具备雕刻特性的烹饪原料雕刻成具有完整实物形象的一门基础技艺。食品雕刻的目的是装饰和美化菜点, 烘托筵席氛围, 激发食欲, 使人们在品尝美味佳肴的同时, 还能得到造型艺术及视觉艺术的双重享受。不同类型的食品雕刻技艺, 是不同饮食文化、地域文化、历史文化的集中体现。

2. 食品雕刻的分类　食品雕刻有很多种分类, 根据不同的标准可以分为不同的类型。一般来说, 根据食品雕刻的食材类型不同主要分为果蔬雕、糖艺、黄油雕、巧克力雕和冰雕。

(1) 果蔬雕: 我国特有的一种雕刻形式, 以蔬菜、水果作为主要原料, 运用特殊的刀具和刀法, 将具备雕刻特性的一些果蔬原料雕刻成完整的实物形象。结合我国特有的艺术表现形式与美学逻辑创作的果蔬雕刻艺术品具有浓郁的中华民族特色, 题材广泛、内容丰富、技法多样, 特别是我国的水果雕刻, 巧妙运用了建筑及绘画的美学原理, 通过浮雕、立体雕刻、套环雕刻等不同技法, 展现出鲜明的民族特色。

(2) 糖艺: 利用白砂糖、葡萄糖浆等原料, 经过配比、熬煮等工序制成糖体, 再按照造型的要求, 以写实或抽象手法, 利用拉、吹、塑、模、拼等不同技法, 捏塑成具有一定审美效果的造型作品。糖艺造型以传统的拉糖、吹糖手艺为技术基础, 融入创作者巧妙的创意和构思, 精心搭配各种糖体材料及配件而制成。这一精美作品的完成需要创作者多年的实践积累才能实现。近年来，随着中外饮食文化交流的加深，糖艺已经成为我国食品造型艺术百花园中的后起之秀，开始在国际烹饪技能大赛的舞台上崭露头角。

（3）黄油雕：用具有固体形态的油脂类食用原料作为艺术呈现载体，运用特殊的雕塑技法及工具创作的食品雕刻作品。黄油雕多以黄油、奶酪为原料，具有耐存储、可反复利用等特点。我国的黄油雕以藏族的油酥花雕塑艺术品最为著名，其历史可追溯至唐代甚至更早时期。

（4）巧克力雕：以巧克力作为原料，经熔化、调温、塑形、雕塑、组装等工序，创作的巧克力雕刻艺术作品，常作为自助餐、酒会甜品台的主装饰。

（5）冰雕：以大型冰块作为载体，运用专业的雕刻技法和雕刻工具创作的食品雕刻艺术品，常作为较高档宴会、酒会的中心雕塑。

二、食品雕刻的作用与应用

1. 食品雕刻的作用

（1）装饰美化菜点：利用食品雕刻制品对菜肴、面点进行装饰，可使菜点的色彩更加鲜明并得到衬托，使菜点的形与色更为凸显，赋予菜点更高的美感及欣赏价值。

（2）烘托筵席、宴会气氛：在筵席和宴会中，巧妙地运用不同的食品雕刻作品，为筵席和宴会的各个环节与环境增添氛围感，进一步彰显筵席、宴会的主题。

（3）展示技艺：食品雕刻技艺的水准，常常是衡量一家餐厅或一个厨务团队整体技术水平的标准之一。特别是在一些极具展示性的活动中，一组精美的食品雕刻作品往往会吸引全场观赏者的目光，为活动增添艺术魅力。

2. 食品雕刻的应用

（1）餐盘常用装饰：一般指装饰高度不超过 30 cm 的小型食品雕刻作品。对于一些内部有空洞的食品雕刻作品，如菠萝船、哈密瓜船等，还可以作为菜肴的盛器。

（2）餐桌装饰：无论是中餐餐桌还是西餐餐桌，装饰物的高度一般不超过客人正坐的视平线，大约在 40 cm。若装饰物在视平线以上，一般是用较细或透明的支架做支撑，在 60 cm 以上的高度做悬空雕刻，尽量不阻碍客人的视线。

（3）自助餐台装饰：针对自助餐、酒会、茶歇等餐台的不同区域，根据不同餐区的需求，以不同风格和原料制作的用于装饰的食品雕刻作品。

（4）宴会主题装饰：在高档宴会或主题宴会中，使用较大的食品雕刻作品作为宴会主题装饰。这些作品的高度一般会在 150 cm 以上，具有非常强的视觉聚焦效果和明确主题的作用。

（5）艺术陈列：食品雕刻作品可以通过适当的保存手段进行长期展示，作为艺术品陈列。这样不仅能提高餐厅空间的艺术性，还能展示餐厅的餐饮技术和艺术水准。

三、食品雕刻设计

1. 食品雕刻主题设定　食品雕刻作品的主题，是食品雕刻设计的基础。设定好的主题，才能更好地利用技艺进行表现。在设定主题时，需要确保它与筵席或宴会的主题和目的相契合，

同时要与环境文化相适应，并符合民俗习惯。

2.食品雕刻构图设计　食品雕刻作品的构图需要根据所设定的主题进行设计，确保构图符合主题所蕴含的构图原则和风格要求。

（1）风格：食品雕刻的风格，如同其他艺术雕刻一样，拥有非常多的风格类型。类似于传统绘画的分类，我们简单地把食品雕刻分为写实和写意两大主要风格，也可以理解为具象与抽象的艺术表现手法。

①写实风格的食品雕刻：对于所雕刻的作品，从比例、结构、动态到细节表现都接近或完全符合真实物体的特征，以表现出物象的真实感。

②写意风格的食品雕刻：对真实物象的局部或整体进行变形、简化、夸张的处理，其目的在于传达作品所蕴含的"意境"与"情感"，而非单纯追求外形的逼真，因此往往忽略物体原有形态的严格真实性。

在很多食品雕刻作品中写意与写实两种风格会同时出现，并且巧妙结合，使作品更加丰富和饱满。

（2）主次：当一个作品中存在多个物象时，需要考虑这些物象之间的相互关系，突出主要和重点物象，使画面具有主次之分，展现出层次感与韵律美。

（3）空间：空间感的设计，可以提高作品的视觉冲击力、画面表现力和镜头感。在空间设计时最重要的是，要使作品展现出平衡感和稳定感。设计时，应仔细考量虚与实、满与空在画面空间中的布局变化，以营造出不同的视觉感受。

①上实下虚：从视觉上看，下部的空间显得被挤压，给人带来一定的压迫感和由上而下的降临感。

②上虚下实：营造出厚重和稳定的感觉，同时上部较大的空间感赋予了作品距离感和方向感。

③左实右虚与左虚右实：会给人带来摇摇欲坠的不稳定感，因此在应用时需考虑整个画面的平衡感设计。

（4）色彩：在食品雕刻作品中，色彩主要源自雕刻原料原有（固有）的颜色，有时为了增强视觉效果，也会对食品雕刻作品进行上色处理。鉴于大众审美标准和审美风格的多样性，人们通常会在遵循色彩使用规律的基础上进行上色，上色要严格遵守食品安全要求，并符合人们对于食品颜色的普遍认知。

①果蔬雕刻作品的色彩：主要是利用果蔬原料皮色与肉色的差异，以及不同原料原有的颜色，进行巧妙的搭配和组合。食品的自然色彩是有限的，如果需要体现更加丰富的色彩，就需要在作品雕刻完成后，运用食用色素进行着色处理。

②糖艺作品的色彩：糖艺作品是所有食品雕刻作品种类中色彩最为丰富的。作品的底色在准备阶段就直接调和到糖体内，是糖艺的基础流程之一。

调制色彩时，饱和度越高越好，以便于在制作时进行二次配色。作品塑形后还可进行喷绘或描绘着色，以进一步提升色彩的自然度和细腻感。

③黄油雕作品的色彩：一般来说，黄油雕作品极少加入其他颜色，多是运用黄油自身的淡黄色。如有必要，在着色时需要将黄油雕原有原料或性质相同的原料熔化后，再加入油性色素进行调色，并在熔化的状态下进行喷涂着色。

3.食品雕刻原料选择　根据主题与构图，选择合适的原料。在选择原料时，要对原料的品种、色泽、质地、大小、形状等进行细致挑选，尽量利用原料的自然形状与色泽进行雕刻与制作，以减少不必要的粘接与组合。同时应尽量减少非食用物料的使用，以确保可食用原料的安全与卫生。

4.食品雕刻制作设定　选择好原料后，要对整个制作流程分步骤进行设定。从定位、定型到工具运用等方面逐步推演，以确保制作时各环节次序顺畅，形态细节与构图完美匹配。

5.食品雕刻作品运输与展示计划　作品的运输、展示等环节与流程，也需要在制作前进行周密的规划及细致的准备。因为作品完成后，体积、环境、时间等因素的变化也会影响到食品雕刻作品的展示效果。例如，黄油雕、糖艺等类型的作品对运输、存储、展示环境的温度和湿度都极为敏感。对于体型较大的作品，还要考虑其在各种环境中的通过性和空间布局问题。

四、食品雕刻评价维度与技术要求

1.食品雕刻评价维度　食品雕刻作品的造型设计，是运用多样化的可食用原料，并结合多种工艺形式进行艺术展现的一种独特形式。因此，对不同类型的食品雕刻作品的欣赏和评价存在一定的差异性。然而，食品雕刻作品的评价可从以下几个基本维度进行。

（1）作品造型设计与主题契合度。包括主体是否鲜明、突出，作品中近景、中景、远景之间的协调性和层次感，这些因素共同决定了作品与主题的匹配程度与设计效果。

（2）画面构图的合理性。食品雕刻作品的构图需遵循相应的构图原则，设计中需确保画面、主题与组件各部分之间具有呼应感、平衡感、合理性和真实性，使整个视觉画面呈现出和谐统一的整体气息。由于艺术风格表达的差异，食品雕刻作品的艺术设计逻辑要符合所要表达的意境。

（3）用料与用色的逻辑性。在食品雕刻作品的造型设计中，需考虑用料与用色的逻辑性，以满足审美需求。这可以是单一质感、单一颜色的原料重复使用，运用透视、远近、明暗等层次来凸显层次感与立体感，表现出整体感与统一感；也可以是不同质地、不同颜色的原料相结合，利用色质的差异来体现活泼、灵动、跳跃的氛围。

（4）技术与工艺的精湛度。在食品雕刻作品制作中，技术与工艺运用的熟练度与精细度至关重要。评价时，会根据所设定的主题与艺术风格，对作品的技术难度、细节处理、刻画适宜度等进行技术性评价。

（5）展示效果的整体评价。食品雕刻作品的展示是评价中最重要的一环，展示效果直接决定了作品的最终成败，会从作品完成度、完整性、主题贴合度、视觉效果、工艺整体表现等方面来整体评价食品雕刻作品。

2.食品雕刻的技术要求

（1）选料与用料。

①果蔬雕用料：选料新鲜，质地自然，没有腐烂、霉变、脱水、变色的现象。

②糖艺用料：选用纯度高、无杂质且色白的蔗糖、麦芽糖、糖浆。蛋白需新鲜，无杂质。

③黄油雕用料：选用无水、无盐的黄油或人造黄油。

不同的原料，要根据其特性和质感特点来制作合适的雕刻作品。

（2）工艺与技法。不同食品雕刻作品的制作工艺与技法存在很大的差异，需要根据不同的原料及表现内容，选择合适的工艺与技法。

对于食品雕刻作品的工艺和技法的运用并没有固定的要求，一般仅对食品雕刻作品在制作过程中的不同阶段设定基本的规范要求。如在塑形阶段，要求用料准确、不伤余料、合理高效地使用原料；进入雕琢阶段，则要求操作流畅自如、线条清晰干净、比例协调准确；而在修饰阶段，则追求快捷顺畅，确保无重复返工的情况，接缝处理得平整细腻。

在食品雕刻作品的制作过程中，要充分考虑技法与工艺相结合，以适宜且准确的方式实现作品的完美呈现。

（3）作品的卫生要求。

①原料安全：食品雕刻的原料，需要根据其特性妥善存储与使用，以确保在制作过程中的每一个环节的原料都安全。不使用过期或变质的原料来制作食品雕刻作品。对于所有与菜

看直接接触的食品雕刻作品，须严格执行食品安全管理要求。

②操作安全：在食品雕刻的加工制作过程中，需确保操作台面的大小合适且稳固，便于操作使用。同时，操作台周边以及地面通道应及时清理，保持地面干燥，操作环境应光线明亮、通风良好、温度适宜。操作人员应穿着规定的工作服和安全鞋，使用电动工具或刃具时须佩戴护目镜和防割手套，并且严格执行各工种的安全操作规程。

③个人卫生：食品雕刻作品的制作与其他食品的加工过程一样，须严格执行食品餐饮从业人员的个人卫生标准。这包括按照标准穿戴工作服、工作帽、围裙和安全鞋，并遵循标准的洗手流程。同时，应定时更换一次性手套，并进行手部消毒。

④环境卫生：及时清理杂物与垃圾，保持地面干燥无水、无杂物，以确保作品和人员的安全。

（4）作品的展示要求。

①果蔬雕展示：由于果蔬雕是用新鲜的蔬菜和水果原料制作而成，因此可存放时间有限，容易脱水、变形。在展示前，务必采取保湿和保鲜措施。如果需要进行较长时间的展示，建议在果蔬雕刻作品表面用凝胶进行处理。同时还要根据作品的应用环境，选择合适的盛器、灯光、主视面以确保作品的完美呈现。

②糖艺展示：糖艺作品完成后，并不需要进行什么特殊处理。在温度接近于常温的环境下，通过空气流动就能自然实现定型。干制后的作品需要喷专用保护剂来维持颜色和形态的稳定。此外，作品外部需加装透明的密封防尘罩，内部放置干燥剂以保持作品长期处于干燥状态。

③黄油雕展示：黄油雕的展示需确保环境温度不高于25℃。由于黄油雕色彩较为单一，展示时需要考虑灯光的照射角度，以更好地凸显作品的纹理与细节。如果黄油需要回收使用，则需要加装密封防尘罩，以更好地保护作品。

④巧克力雕展示：巧克力雕作品非常脆弱，在移动和搬运过程中要格外小心，因为震动会很容易造成巧克力雕作品的损坏。在展示时，同样需要有合适的温度和湿度。过高的温度有可能会使作品的连接部分脱落或整体熔化，而湿度过大会使巧克力受潮造成表面变色。在长期展示时需要加装密封防尘罩，用于隔绝空气，从而更有效地保护巧克力雕作品。

知识链接

项目小结

烹饪造型艺术是烹饪工艺美术中最为突出且重要的部分，它是体现烹饪艺术性的重要手段之一。随着人们生活水平的提高及餐饮业的发展，人们对餐饮服务的要求也在不断提高，烹饪造型艺术显现出越来越重要的作用。本项目系统地阐述了冷菜、热菜、面点和食品雕刻的造型艺术，使学生更为全面、具体地了解烹饪造型艺术的范畴。

项目实践

1. 运用所学造型方法，选择你最喜爱的两种造型艺术作品进行创作。

2. 运用所学烹饪专业知识及造型方法，设计并绘制一幅结合多种造型艺术的烹饪作品图案。

扫码看答案

同步测试

一、选择题

1. 拉刀法，适合切制较（　　　）、（　　　）的刀面处理。

A. 粗犷　　　　　B. 细小　　　　　C. 精细　　　　　D. 较大

2. 下列不属于冷菜造型手法的是（　　　）。

A. 平面形　　　　B. 立体形　　　　C. 错位形　　　　D. 卧式形

3. 色彩在冷菜造型中占有极其重要的地位，是构成图案的主要因素之一。下列不属于冷菜色彩因素的选项是（　　　）。

A. 实用性　　　　B. 平面性　　　　C. 食用性　　　　D. 适用性

4. 热菜的制作要经过许多步骤，其中（　　　）是构成热菜造型的基本条件。

A. 切配技术和烹调技术　　　　　　　B. 食用与审美紧密结合

C. 分档选料　　　　　　　　　　　　D. 调味和装盘

5.（多选题）下列选项中面点造型的艺术特点主要体现在（　　　）等方面。

A. 雅俗共赏，品类多样　　　　　　　B. 原料选择

C. 精湛的立塑造型手法　　　　　　　D. 操作的艺术观赏性

二、填空题

1. 冷菜，又称凉菜，是将烹饪原料经过＿＿＿＿＿＿后，先＿＿＿＿＿＿为凉吃而制作的一类菜肴。

2. 冷菜造型根据表现手法的不同，一般可分为＿＿＿＿＿、＿＿＿＿＿、＿＿＿＿＿三大类。

3. 在不同造型的冷菜作品制作中，基本的流程是一样的，即＿＿＿＿＿—＿＿＿＿＿—＿＿＿＿＿—刷面完成。

4. 冷菜的造型指对画面中的＿＿＿＿＿、＿＿＿＿＿、＿＿＿＿＿和留白以及主、辅、缀、空进行设计。

5. 冷菜造型的色彩要＿＿＿＿＿，才能达到好的艺术效果。

6. 在食品雕刻中，根据食材的类型分为＿＿＿＿＿。

三、简答题

1. 冷菜造型的作用是什么？

Note

2. 冷菜主题需要符合哪两点要求?

3. 菜肴围边有哪几种装饰形式?

4. 热菜有哪些造型方法?

5. 食品雕刻的种类及特点是什么?

6. 中国面点造型艺术的特点有哪些?

项目六 认识烹饪综合艺术与美学

思维导图

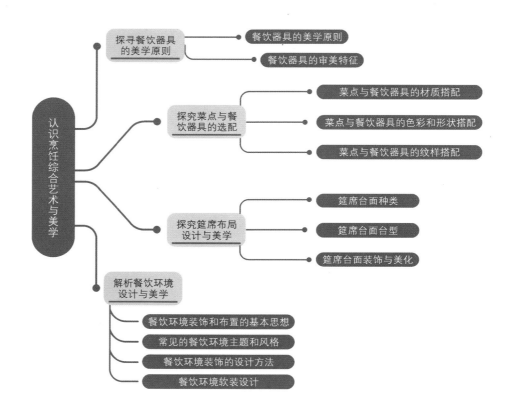

认识烹饪综合艺术与美学

- 探寻餐饮器具的美学原则
  - 餐饮器具的美学原则
  - 餐饮器具的审美特征
- 探究菜点与餐饮器具的选配
  - 菜点与餐饮器具的材质搭配
  - 菜点与餐饮器具的色彩和形状搭配
  - 菜点与餐饮器具的纹样搭配
- 探究筵席布局设计与美学
  - 筵席台面种类
  - 筵席台面台型
  - 筵席台面装饰与美化
- 解析餐饮环境设计与美学
  - 餐饮环境装饰和布置的基本思想
  - 常见的餐饮环境主题和风格
  - 餐饮环境装饰的设计方法
  - 餐饮环境软装设计

项目描述

　　烹饪综合艺术可以视为烹饪工艺美术的拓展部分，它是烹饪造型艺术的美学延续及重要支撑，包括餐饮器具的美学原则、菜点与餐饮器具的选配、筵席布局设计、餐饮环境设计等内容。在实践应用中，虽然这些内容基本上隶属于其他的学科体系，但与餐饮美学紧密相连，不可分割，从而构成烹饪综合艺术与美学的整体。

项目目标

通过对本项目的学习，可以较为粗略地领悟餐饮器具的美学原则、餐饮器具的选配艺术、筵席布局和餐饮环境设计的一些心得，并且可以清楚地了解餐饮美学的基本元素及审美特征，从而不断提升自身的艺术鉴赏力及审美能力。

职业能力问题导入

1. 探寻餐饮器具的美学原则，了解餐饮器具的审美特征。

2. 探究菜点与餐饮器具的搭配要领，清楚菜点与餐饮器具在材质、色彩及纹样方面的搭配技巧。

3. 筵席设计需要考虑的相关因素有哪些？

4. 餐饮环境装饰的设计方法有哪些？

任务一　探寻餐饮器具的美学原则

任务描述

通过探寻餐饮器具的美学原则，系统地掌握这些原则，清楚了解餐饮器具的审美特征包括哪些方面的内容，并将餐饮器具的美学原则和审美特征应用于烹饪作品的创作，从而提升自身的艺术鉴赏力及审美能力。

任务目标

1. 掌握餐饮器具的美学原则与审美特征。

2. 能灵活地将本任务所学美学原则与审美特征运用于烹饪实践中。

任务实践

1. 运用所学图案写生方法，选择两幅你所喜爱的餐具图案进行临摹。

2. 结合所学烹饪专业知识及美术图案构图知识，运用图案写生方法，设计并绘制一幅融合了餐具元素的烹饪作品图案。

任务导入

通过训练，了解餐饮器具的美学原则和审美特征。同时，通过写生时的细致观察及构图的专业训练，增强观察能力、培养创作能力、提高审美能力。

思考：餐饮器具的美学原则是什么？餐饮器具的审美特征包括哪几个方面的内容？

知识精讲

一、餐饮器具的美学原则

除了少数具有特殊用途的器具之外，中国传统的餐饮器具大多是为实用而制作的。因此，其形式美必须服从于实用性，使审美与实用紧密结合。

从餐饮器具的发展历程来看，它经历了由最初仅注重实用到后来实用与美观并重的发展过程。作为社会餐饮文化的一种象征，餐饮器具已经成为餐饮业不可缺少的装饰或功能陈设品，它们频繁地出现在酒楼饭店的餐桌上，无时无刻不展现着优雅的姿态，并散发出美的气息。

中国传统的餐饮器具都是为实用而设计并制作的，因此食具的形式美感需要服从于实用的功能。作为现代餐饮器具，在造型设计、加工工艺与材质选择上，都需要满足现代人的使用要求，同时要兼顾人们的审美习惯，即遵循一定的美学原则。中国餐饮器具的美学原则具体体现在以下几个方面。

1.实用性与艺术性的统一　在日常饮食生活中，凡是给人以实用、安静、舒适感的餐饮器具，都可称为上乘之作，中国传统的餐饮器具正是以此为审美标准。在图案装饰方面，餐饮器具首先需满足视觉舒适的需求，所谓"盘壁低而饰其内，碗壁高而饰其外"，都是出于便于观赏的考量。此外，餐饮器具的造型图案和色彩还需讲究装饰艺术效果，以美化菜点、激发食欲。例如，粉彩瓷器的富贵风格可增添食客的自豪感，而青、白瓷的明洁则给人带来卫生、雅致及安静之感，这些都是餐饮器具实用性与艺术性完美结合的典范。

一些采用先进的工艺与材质来制作的现代餐饮器具，如水晶、玻璃、陶瓷、塑料、金属等餐饮器具，均被赋予了多样性的艺术审美。随着社会的进步和人们审美水平的不断提升，餐饮器具在实用性与艺术性的融合方面展现出越来越丰富的风格特征，实现了功能与艺术美感的高度和谐统一。可以预见，将美学原则与日常生活实践紧密结合，将是未来餐饮器具发展与创新的重要方向之一。

2.餐饮器具的多样与统一　现代餐饮器具的种类丰富多样，常见的有碗、碟、盘、匙、筷、盒、钵等。在同一桌筵席中，如何将不同材质、不同造型、不同色彩的餐饮器具统一与协调起来，以彰显筵席的整体风格，这是餐饮器具合理搭配的关键所在。一般来说，筵席适宜选用成套的餐饮器具，以获得美学风格上的统一。在餐饮器具破损、遗失或其他原因不能成套组合而必须用其他器具品种替代时，应尽可能选用审美风格协调一致的器具，而且在餐饮器具组合的布局上也要力求统一。例如，一套青花瓷餐具中原有的汤匙损坏了两把，最好不要选用风格迥异的粉彩汤匙进行替换，可选用青花瓷、白瓷或玲珑瓷等同样清新淡雅的汤匙代替，或将汤匙全换成一种风格相近、规格统一的款式；也可使用两种风格相近的汤匙相间组合排列，以达到统一的审美效果。当然，有时在同一桌筵席中出现少量的异形餐饮器具搭配，反而能够起到稳中求变、意想不到的艺术审美效果，但在使用时要区别餐饮器具的色彩、造型和质地，以更好地突出筵席的主题及特色。

3. 餐饮器具与进餐环境的统一 由于进餐环境美学风格的多样性，餐饮器具的样式及风格也应与之相匹配。选用特定的餐饮器具为特定的进餐环境服务，这是中国饮馔史上的一贯传统。例如，明、清宫廷筵席常用金碧辉煌的餐饮器具，以体现皇家的尊贵；《红楼梦》中描述，上层人家大摆筵席时常用金筷，而家常便饭时则用银筷。在现实生活中，民间多使用朴素大方或图案装饰较为简洁的餐饮器具；一般宴会则多选用成套餐饮器具，以形成统一的风格；而一般餐饮，宜用色彩淡雅、造型简洁的餐饮器具。通常造型精美的菜肴可选用图案装饰简洁且质地精良的餐饮器具加以陪衬，而造型简单的菜肴则可选用装饰繁复的餐饮器具进行衬托。此外，在高档筵席中，尤其应注意餐饮器具与餐厅的美学装饰风格以及筵席主题的一致性，以形成美学意义上的整体性。

二、餐饮器具的审美特征

现代餐饮器具有鲜明的特质，它是美术设计与餐饮文化相结合的一种新的文化现象，具有特定的功利属性。现代餐饮器具的造型形式、加工手段、材料运用必须满足现代人使用的要求，同时还要符合当今大众的审美及使用习惯，因此形成了一些独立的审美特征。这些特征主要表现在以下几个方面。

1. **材质美**　现代先进的科学技术为餐饮器具开拓了广阔的前景。利用现代工艺技术和新材料，人们制作出了品种繁多的现代餐饮器具，如水晶、玻璃、搪瓷、塑料、金属、木材等餐饮器具。这些材质共同构成了餐饮器具丰富多彩的艺术风格，其发展趋势正逐步向标准化、通用化方向迈进。

我国餐饮器具拥有丰富的历史和优良的传统。随着社会的进步和人民生活水平的提高，人们的餐饮需求和审美也发生了很大的变化，出现了一些反映现代风尚的多样化餐饮器具。这些餐饮器具无论是在造型设计理念还是在装饰风格方面，都已适应了现代人不断提高的审美要求。例如，富丽堂皇的鎏金工艺、仿银器具，自然、古朴的木质餐具，简朴大方的不锈钢餐具等。餐饮器具在传统基础上发生了翻天覆地的变化，呈现出现代餐饮器具繁荣、灿烂的发展景象，为社会餐饮经济的发展做出了杰出的贡献。

2. **功能美**　功能性是餐饮器具最有代表性的特征。在现代餐饮观念下，对餐饮器具的功能性要求也越来越高。如今，人们更加注重健康，而健康与餐饮器具的功能性有着直接关联。过去，餐饮器具的功能性较为单一，而在现代餐饮观念中，对餐饮器具多功能的需求也越来越高。为了迎合人们的需求，设计人员在餐饮器具功能设计上不仅考虑了餐饮器具的多功能性，而且实现了高度的审美功能与明确的使用功能的完美结合。设计人员还力求通过美学和实践相结合的原则，增强餐饮器具造型的生动感，达到功能性和艺术美感的和谐统一，这也是现代餐饮器具的发展方向。例如，市场上使用的碗多为圆形或椭圆形，筷子难以稳定放置在碗上，容易滑落，为了避免这种情况，设计人员设计出了带有筷子凹槽的碗和碟。

　　3. 造型美　作为用餐工具，餐饮器具的外形是否符合大众的审美会直接影响人们进餐时的心情。外形独特、具有鲜明特色的餐饮器具能够带给人们新鲜、愉悦的用餐感受。在现代饮食观念中，餐饮活动不仅强调审美和享受，而且这种精神层面的享受与餐饮器具的造型有着直接的关联。因此，在进行餐饮器具外形设计时，要注重餐饮器具外形与物质功能的统一，通过合理的设计达到使用功能与审美形态的完美结合。在这种理念的影响下，现代餐饮器具的外形丰富多样，造型千变万化，不仅有简约、质朴又时尚的几何形态，还有许多彰显个性和生活品位的仿生形态等，如鱼形、花瓣形、波浪形、流线型餐具等。

4. **色彩美**　色彩作为一种视觉设计语言，在餐饮器具设计中扮演着重要角色。在现代餐饮观念中，人们对餐饮器具的色彩意识发生了巨大变化，这种变化不仅体现在功能方面，还体现在餐饮器具的外在色彩上。色彩可以为餐饮器具增添审美价值，带给人们更佳的视觉体验。同时，色彩还具有引发味觉感受的特性，能够激发人们的无限联想。恰到好处的色彩可以增进人的食欲，改善用餐氛围。在现代餐饮器具设计中，色彩的应用为设计理念注入了新的生命力，丰富了餐饮的表现形式和呈现方式。

5. **图案美**　在餐饮器具设计中，合理运用图案可以增强餐饮器具外形的表现力，提升餐饮器具的审美效果和附加价值。随着现代社会个性化审美的发展，各种图案在餐饮器具上得到了广泛应用，如仿生图案、边饰图案、彩绘图案、卡通图案等。在传统餐饮器具设计中，最早使用的是一些传统吉祥图案，如"福如东海""松鹤延年"等，一度受到广大劳动人民的喜爱。但随着时代的发展，人们的审美观也在悄然转变，一些传统图案已无法满足多样化和时尚审美的需求。因此，许多现代图案应运而生，如桂林山水等图案被用来装饰餐饮器具，为人们带来了形式多样且更强烈的视觉享受。

任务二　探究菜点与餐饮器具的选配

任务描述

　　通过探究菜点与餐饮器具的选配，系统地掌握菜点与餐饮器具的搭配要领，清楚了解菜点与餐饮器具在材质、色彩及纹样方面的搭配技巧。更重要的是，这些知识和技巧可以辅助今后的烹饪创作及出品，从而提升自身的艺术鉴赏力及审美能力。

任务目标

　　1. 掌握菜点与餐饮器具的材质搭配。
　　2. 掌握菜点与餐饮器具的色彩搭配。

任务导入

　　通过训练，了解餐饮器具的审美特征和色彩搭配，培养观察能力、绘画能力和审美能力，为今后的专业学习奠定美学基础及提升创作技能。运用所学的烹饪专业知识及美术图案构图技巧，结合图案写生方法，设计并绘制一幅你认为菜点与餐饮器具搭配效果最佳的烹饪作品图案。

思考：历届烹饪技能大赛作品中的烹饪器具选配技巧有哪些？

知识精讲

中国烹饪历来注重美食与美器的搭配，不同的菜点需用不同类型的餐饮器具来匹配，以实现美的呈现效果。要使美食与美器的搭配更有艺术性且相得益彰，还必须进一步了解餐饮器具的材质特点，并注意美食与美器在形状、色彩、纹饰等方面的和谐搭配。

一、菜点与餐饮器具的材质搭配

餐饮器具的材质是决定菜点造型、色彩和装饰手法的主要因素，也是突出菜点风味特点及视觉效果的关键。不同材质的餐饮器具有不同的性质和特色。陶质器皿以造型古朴、色泽深沉为特点，深受喜欢粗茶淡饭的人的喜爱。木质器皿外观整洁美观，色彩自然，既有乡村风味，又有现代感，触摸时能感受到天然木质特有的温和、润滑；而既有个性又不失亲和力的瓷器则在市场中广受欢迎。粗瓷因其物美价廉、手感光洁、造型多样而十分普及。精瓷造型丰富、装饰多样，有的如脂如玉，有的艳丽夺目。镀金器皿常用于高档会所或餐厅，其高档感能衬托精美贵重的菜点，相得益彰，深受食客青睐。

现代餐饮器具还包括不锈钢和塑料餐具。不锈钢餐具以其简洁、现代的风格和经济实惠、形态各异、不易破碎的特点，成为广受欢迎的大众化产品。色彩丰富、形状多样的塑料餐具，以其轻便和时尚感吸引年轻人。此外，玻璃餐具以其晶莹剔透、素雅高贵的特性，成为高档筵席中不可或缺的餐饮器具。高级的玻璃餐具可直接盛装菜点放入微波炉加热，然后原碟上桌，这样既能保存菜点的色泽，又能保持菜点的形状，方便且美观，因此受到人们的青睐。

二、菜点与餐饮器具的色彩和形状搭配

　　菜点与餐饮器具在色彩搭配上要体现和谐统一的效果，搭配方法包括色彩冷暖、强弱、深浅的对比。缺乏色彩对比的菜点可能使人感到单调，而对比过分强烈则可能使人感到不适，运用技巧的关键在于适度和调和。在色彩学的十二色相环中，红与绿、黄与紫、橙与蓝为强对比色，使用时要注意色彩面积和比例的分配（避免平均分配），并适当调整色彩之间的明度变化。只要把握好色彩的调和与比例，对比色同样可以营造出和谐的色彩效果，如"万绿丛中一点红"就是对比色使用的经典范例。

　　一般来说，冷菜和夏令时蔬宜选冷色餐具，热菜、冬季菜和喜庆筵席宜用暖色餐具。但要根据菜肴色调的实际情况选择颜色合适的餐饮器具，避免"混色"。例如，绿油油的青菜就不适合选择绿色盘，否则既体现不出青菜新鲜的碧绿色彩，又埋没了盘子的美色优势；但如果将绿色盘改为白瓷（白花）、浅黄色盘，绿色蔬菜便会产生清爽悦目的视觉效果，诱人食欲。此外，本身色彩丰富的菜肴一般应选用白色或黑色等单一颜色的餐饮器具，以突出菜肴自身的色彩。

　　在烹饪实践中，如何将不同色彩的菜点与餐饮器具巧妙搭配是一个值得探究的问题。一个相对稳妥的做法是选择白色餐具。但有一种情况是例外，即盛装接近白色的浅色菜肴时，可以通过围边点缀或用有色食材垫底的方式解决。

造型别致、做工精美、材质贵重的高档餐具（如金银器、水晶、高品质的玻璃餐具等）一般要与选料高贵、加工精细的菜肴搭配，以体现尊贵的气质及产生高雅和谐的视觉美感。例如，海螺形、虾形、贝类形状的餐具，应与海鲜、水产类菜肴搭配，让人第一眼就能感受到海鲜的鲜美。但如果把这些餐具与家禽类菜肴搭配，则很难从视觉上准确传达菜肴的风味特色，显得格格不入。因此，在为菜肴选择象形餐具时，务必确保餐具与菜肴原料的类别相协调，如鱼、蟹状餐具搭配甲鱼、龟类菜肴，瓜果状餐具搭配甜点、象形水果，这样的搭配便能够营造出和谐统一的整体氛围，为生活增添无限乐趣。

三、菜点与餐饮器具的纹样搭配

菜点与餐饮器具的纹样搭配极为考究，这需要运用色彩学的相关理论，包括色彩的对比、明暗、冷暖、调和等。首先需要考虑器皿纹样色彩的色调，暖色调的纹样适合搭配冷色调的菜点；其次，餐饮器具的图案纹样风格应与菜点的成形纹样相协调。餐饮器具纹样有粗犷、简拙与纤秀等不同风格，菜点的成形纹样亦如此。为实现两者搭配的和谐统一，必须深入了解它们的风格特点。纹样纤细、精致的菜点应选用纹样简洁的餐饮器具来匹配，而纹样简单、粗放的菜点则适合用纹理细密的花盘盛放，这种强烈的对比可以衬托出一种淋漓畅快的感觉。反之，如果将肉丝等纹样纤细的菜点放在纹理细密的花盘中，可能会显得杂乱无章，无法凸显菜点的材质美；但若将肉丝这类菜点盛放在纯色绿盘中，则会立刻给人一种清新悦目之感，令人食欲大增。

此外，中国菜十分讲究情趣和意境。在餐饮器具搭配方面，若能根据菜名选择具有相应寓意的餐饮器具，便能相得益彰，引发食客无限遐想，增添用餐的情趣。例如，将中国名菜"贵妃鸡"盛在饰有仙女拂袖起舞图案的莲花碗中，不禁让人联想到善舞的杨贵妃醉酒于百花亭的典故。同样，将"糖醋鱼"盛在饰有鲤鱼跳龙门图案的鱼盘中，会使人兴趣盎然、食欲大增。根据菜点背后的故事，选用与内容相称的装饰图案器皿，对于加强筵席主题、营造筵席意境以及实现美食与美器的完美结合，都具有非常重要的作用。

任务三　探究筵席布局设计与美学

任务描述

通过对筵席布局设计与美学的学习，了解筵席的台面、台型，再结合服务标准，提升筵席布局设计水平。

任务目标

1. 了解不同筵席台面的种类与台型。
2. 掌握筵席台面装饰与美化的基本方法。

任务导入

模拟进行家庭寿宴的筵席台面及台型设计，思考如何围绕寿宴主题设计台面及台型，请小组合作运用所学知识制订一份筵席布局设计方案。

思考：筵席台面如何围绕主题进行装饰与美化。

知识精讲

筵席，是设计、技艺、菜肴、服务整体呈现的集中表现。通过揣摩筵席的目的，对筵席的形式、内容、流程等进行设定与设计，使人获得主题鲜明、内涵丰富、具有美感的用餐体验。

筵席的布局由于种类繁多、形式多样，因此具有极大的变化性。在设计中需要结合并考量多方面因素。

现代筵席的特征随着人类文明的发展而不断演变，人们对于筵席的需求也在持续变化。当前，人们对于筵席的主要需求是其社交性。为了满足筵席的社交性需求，现代筵席不仅需保留传统筵席的礼仪性、规范性、仪式性等特征，还需融入沉浸感、体验感和创意感等现代元素。

筵席的分类：按档次分类，可分为高级筵席、中级筵席、普通筵席；按社会性分类，可分为国宴、商宴、私宴；按目的分类，可分为喜宴、庆生宴、拜师宴、谢师宴、团拜宴、节庆宴等。

一、筵席台面种类

（一）中餐筵席台面

1. 传统中式台面　餐具一般包括餐盘、碗、筷子、勺子、酒杯等。通常以红色、金色等具有中国传统特色的颜色为主色调的台布，搭配精致的中式餐具，展现出浓郁的中国传统文化氛围。装饰上可有中式花瓶插着鲜花或干花，摆放一些具有中国特色的工艺品如瓷器摆件、折扇等。菜点以中式菜肴为主，讲究色、香、味俱全。

2.主题中式台面　可以根据不同的主题进行设计，如春节主题台面使用红色为主色调，搭配春联、福字、中国结等装饰品，餐具上也可有一些与春节相关的图案。若是以某个历史时期为主题，如唐代主题台面，可在装饰上体现唐代的风格特点，如使用唐式花纹的台布、摆放仿制的唐代器皿等，菜点也可参考唐代的饮食文化进行搭配。

（二）西餐筵席台面

1.正式西餐台面　餐具摆放非常讲究，一般从外向内依次是餐盘、各种刀叉、勺子、酒杯等。台布通常为白色或浅色，显得简洁大方。装饰较为简约，可有鲜花、蜡烛等，营造出优雅的氛围。

菜点以西式菜肴为主，如牛排、意大利面、沙拉等，注重摆盘的精致。

　　2. 休闲西餐台面　餐具相对简单，可减少一些不常用的餐具。台布可以选择一些色彩较为活泼的图案，增加轻松的氛围。装饰上可放一些有创意的小摆件，如彩色的蜡烛、造型独特的盐瓶和胡椒瓶等。菜点可有一些创新的西式小吃或简餐。

　　（三）自助餐台面

　　1. 冷餐台面　主要摆放各种冷盘食物，如凉拌菜、沙拉、水果、寿司、冷切肉等。台面通常会使用较大的托盘等容器来摆放食物，方便宾客取用。装饰上可以用一些新鲜的绿叶、鲜花等进行点缀，以增加美感。可配备一些调味汁和酱料放在小碟子中，供宾客自行选择。

2. **热餐台面** 提供各种热菜和主食，需要配备保温设备，如保温炉、蒸笼等，以保证食物的温度。台面布局要合理，将不同类型的菜点分开摆放，便于宾客挑选。装饰可以相对简洁，重点是要保证食物的展示效果和取用的便利性。可有一些指示牌以标明菜点的名称和食材。

（四）甜品台面

1. **婚礼甜品台面** 通常在婚礼等场合出现，以浪漫、精致为主要特点。台布可选择白色或粉色等柔和的颜色，装饰上可有鲜花、气球、蕾丝等元素。摆放各种精美的蛋糕、纸杯蛋糕、马卡龙、布丁等甜品，甜品的造型和颜色应与婚礼的主题相呼应。

　　2. 日常甜品台面　　可以在下午茶或聚会等场合使用，相对比较随意。台布可以选择一些色彩鲜艳或有图案的款式，增加活泼的氛围。甜品的种类可以根据场合和宾客的喜好进行选择，如巧克力、饼干、水果塔等。装饰上可以用一些小摆件，如可爱的动物造型饰品等。

二、筵席台面台型

　　1. 圆形台型　　圆形餐台在中餐筵席中较为常用。从席位安排的角度来看，圆形餐台提供了较为平等的席位安排方式。坐在圆形餐台的每一位客人，都可以方便地看到一同用餐的所有人，这更加便于参席者相互沟通与交流。

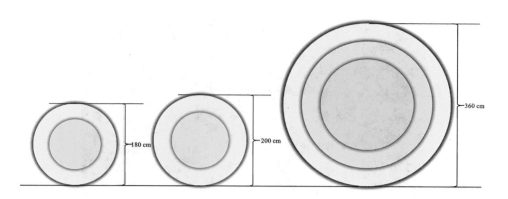

2.正方形台型　正方形餐台多用于一般用餐环境，尤其是相对较为舒适轻松的用餐场合。正方形餐台的用餐人数有一定的限制，适合2人对坐、4人两两对坐，或是8人用餐时四四对坐，一般不超过8人同台用餐。否则，餐台会显得过于宽大，不便于对坐的客人相互交流。

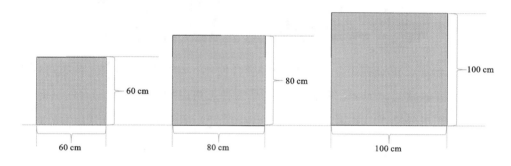

3.长方形台型　长方形餐台在普通餐厅较常用，最适合客人面对面而坐进行用餐，一般适合4至8人位的用餐设定。但需要注意的是，过长的餐桌不太适合合餐式用餐，而更适合分餐式用餐。

在西式宴会上，餐桌的长度可以根据用餐客人的数量增加而相应增加。同样，长方形餐台的宽度也可根据长度的增加而适当加宽。

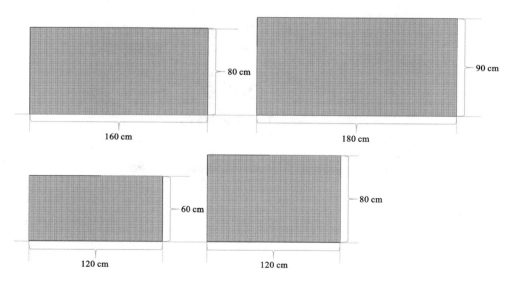

4.可变式台型　可变式台型是很多宴会餐厅使用的台型，多利用可折叠宴会桌进行组合，

以形成不同长度或宽度的台型。

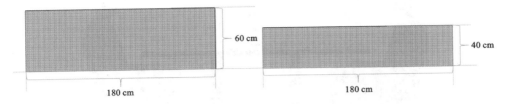

可折叠宴会桌有多种桌型，餐饮行业常用的可折叠宴会桌规格是长度 180 cm、宽度 60 cm 的长条桌。这个尺寸的可折叠宴会桌既可以作为用餐的餐台使用，又可以组成宴会自助餐的餐台。

三、筵席台面装饰与美化

筵席台面装饰与美化，是对筵席相关视觉空间环境的设计与优化。其目的在于为用餐客人营造充满美感的用餐体验。

（一）筵席台面装饰区域

1.桌心装饰

（1）桌心装饰的目的：桌心装饰是筵席台面装饰美化的重点，也是用餐客人的视觉焦点。桌心装饰不仅能提升筵席的档次，还能有效突出筵席主题与宴会主题。

（2）桌心装饰的要求：桌心装饰通常置于餐桌的中心位置。

桌心装饰的高度应控制在成年人正坐时视平线以下，一般不超过 40 cm。在特定环境下，桌心装饰的高度可能高于视平线，但仍然需确保不遮挡视线。

桌心装饰的大小需根据餐桌的实际尺寸来确定，需预留足够的空间供菜点摆放。桌心装饰大约占用桌面直径或短边长度的 1/6。

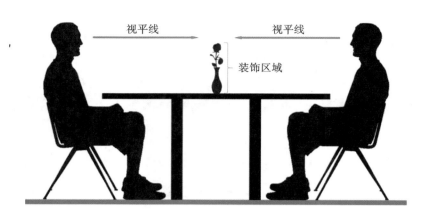

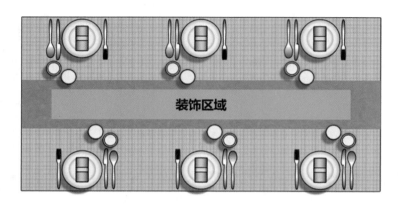

2. 餐位装饰　除了桌心装饰外，每位客人的餐位装饰同样重要，可以考虑餐垫、餐巾、展示盘、客位菜单、筷架、杯颈装饰、椅套及椅背缎带等设计。餐位装饰可以提升筵席的精致感，展现更高的接待标准。

（二）筵席台面美化

1. 桌心装饰物品

（1）花艺装饰：利用花卉与花艺材料，通过插花设计与制作，为餐桌增添活泼、浪漫、丰富、热情的氛围。

（2）微缩景观：采用微缩造景方法，在餐桌的装饰区域设计并制作与筵席主题或环境风格相宜的微缩景观，为筵席带来清新、精致的氛围。

（3）雕塑：根据筵席主题，设计并制作雕塑作品以装饰餐桌，适用于主题明确且突出的筵席。

（4）艺术装饰：运用不同的道具和装饰用品，营造出更具创意的餐桌装饰效果。在此过程中，需要注意道具和装饰品的质感、颜色、艺术风格的组合设计。同时，还可以考虑融入声、光、电、气味等多元效果。

2. 餐位装饰物品

（1）餐垫：使用餐垫不仅是为了保持餐台的整洁，更重要的是，材质优良的餐垫能增添用餐仪式感。

（2）餐巾：餐巾在中餐用餐中已成为必备用品，其颜色和质地的选择会直接影响筵席的细节表现。餐巾的折叠方式和装饰品也是餐位装饰的亮点。

（3）客位菜单：客位菜单是向用餐客人介绍筵席和菜点的说明。其设计可多变，材质和

形式拥有无限的创意空间，如折卡、卷轴、折扇、烛灯、竹简等。除筵席上使用外，还可以作为纪念品赠与客人。

（4）其他餐位装饰：除了餐垫、餐巾、客位菜单这些常用的美化元素外，我们还可以在酒杯杯颈、筷子封、餐椅、展示盘等位置进行美化装饰，让客人感受到精致与用心。

对筵席布局的美学设计，不仅会提升筵席的美感和艺术气息，还会让用餐的客人获得更加丰富和高级的用餐体验。

在进行筵席布局设计时，需确保"装饰点"与"主题面"的和谐统一，避免拼凑造成的繁杂与凌乱感。

任务四　解析餐饮环境设计与美学

任务描述

通过解析餐饮环境设计与美学，提高对优美就餐环境的认知和重视，掌握餐饮环境装饰和布置的基本知识，了解常见的餐饮环境主题、风格及装饰的设计方法。通过社会实践和社会调查的形式，详细了解一家具有特色的餐厅的风格及装饰手法。

任务目标

1. 掌握餐饮环境装饰和布置的基本知识。
2. 了解不同的餐饮环境主题和风格。

任务导入

　　假设你计划开设一家餐厅，该如何确定餐饮环境的主题和风格，以及用哪些方法来装饰你的餐厅？请小组合作，运用所学知识制订一份餐厅设计方案。

　　思考：餐饮环境装饰和布置的基本思想有哪些？餐饮环境装饰的设计方法有哪些？

知识精讲

一、餐饮环境装饰和布置的基本思想

　　随着时代的进步和人民群众生活水平的提高，人们的用餐需求变得更加多元化。人们不再仅仅满足于吃饱吃好，而是对用餐环境和氛围有了更高的要求。因此，餐厅环境装饰和布置的不断改善和提升成为了一个重要的议题。用餐时的环境与氛围包括餐厅的地理位置、内部装潢、摆设以及声、光、色的和谐，餐饮工作人员的优质服务，以及筵席的精心设计。用餐已经逐渐演变成了一种美的享受。在餐饮经营过程中，营造具有美感的餐饮氛围与保证餐饮品质同等重要。由此可见，掌握或了解这部分内容对餐饮服务管理人员尤为重要。

（一）功能与美感的统一

　　功能是指"用"的方面，餐饮环境的装饰和布置涉及一些专门学科，如人体工程学、材料学等。影响餐饮环境装饰和布置的因素包括建筑空间的处理、家具的尺度与摆放位置、照明的亮度和投射范围，以及电器的开关位置等。不同的餐饮场所，如餐厅、多功能厅、酒吧、茶座，由于它们的活动内容不同，对环境设施功能的要求也不同。材料学是研究材料性能的学科，在餐饮环境的装饰和布置中，对材料的选择有特别的要求，强调安全和易于清洁。餐饮企业首先要保障顾客的安全，具体体现在所选用的材料必须具备防火、防滑、防碰撞及防盗等性能。例如，防火的墙面隔板、墙纸、地毯，防滑的地砖，防碰撞的圆轮廓家具等。易于清洁是从服务人员工作效率的角度出发的，对餐饮企业来说，无论是室内墙面、地面、家具、灯具还是其他摆设，所选用的材料都要考虑清洁的因素。

　　美感是指人对美的感觉和体会。在餐饮环境的装饰和布置中，狭义的美感指的是视觉的形式美（即点、线、面和色彩的组织），如家具、灯具的造型色彩，织物的装饰效果，观赏品的外观，以及各类物品在整体中的协调效果等。广义的美感除了形式美外，还包括抽象的内容，如室内的气氛、意境等。对于美感的认知，人类有共同之处，但存在差异，这与个人的经历、修养、习惯、信仰等有关。在餐饮环境的装饰和布置中，我们总是以大多数人能接受的美为出发点。缺乏艺术性和美的内涵的事物会被人摒弃。此外，没有完善的功能也会导致问题，如设施之间外观不配套，色彩随意搭配、样式混杂和新旧差异等，会使整个室内显得松散和零乱，这在一些经营多年的餐饮企业内尤其容易出现。例如，沙发上的两块花边垫，一新一旧，虽不影响功能，它们的色差却大大降低了室内的格调。为了避免此类情况出现，现在通常的做法是将相同的物品集中，放在同一厅室或同一楼面使用，既能充分利用，又不影响视觉效果。如果片面强调"美感"而忽视功能，室内则有可能成为一个华而不实的空间，或成为变相的艺术陈列室和展览室，从而无法发挥器具本来的作用。如室内的家具、灯具十分精美，但不符合功能需要，结果反而成为累赘。至于绘画和其他装饰，在对待特殊顾客时才考虑他们的不同审美特点。

功能和美感是餐饮环境的装饰和布置中必须同时兼顾的两个方面，两者不可偏废。如果只强调"功能"，可能会出现两种现象：一是室内装饰布置缺乏应有的艺术点缀而只讲求实用，导致整体缺乏美感，如同欧洲某时期流行的纯功能家具，最终因缺乏观赏性而被淘汰；二是对于观赏品的选择，一些场合由于题材选择或技巧表现不当，结果不仅没有起到装饰作用，反而还影响了厅室的功能，如在本应安静的会议室中选择动感很强的绘画，可能会使人心绪不宁。因此，我们要求美感和功能实现协调的有机结合。

（二）环境与心理的统一

用餐的心情与用餐环境密切相关。如果用餐场所的环境卫生不良，或有很强的噪声等，这些刺激都会影响饮食者的心理卫生，不仅影响食欲，还会影响食物的消化、吸收和利用。而优美的环境能给人带来愉快的情绪，调节人体神经系统，促进一系列有益于健康的生理活动，如促进唾液、胃液、胰液的分泌，提高食欲；促进胃肠有规律地蠕动，有助于食物的消化、吸收等。例如，一个人进餐时可能会感到单调乏味，可以使用暖色调桌布以消除孤独感。灯具可选用白炽灯，通过反光罩以柔和的橙黄光映照室内，形成橙黄色环境，消除低落感。婉转动听的音乐也能激发人的食欲，音乐在耳边响起时，往往能激发相应的心理反应，唤起对特定场景的联想和记忆。在西餐厅里听舒缓的蓝调轻音乐，可以增添用餐环境的舒适与轻松；在烤全羊时听塞外音乐，会让人不由自主地联想到"风吹草低见牛羊"的诗意画面。这样的餐饮环境无疑会让人精神舒畅，心情愉悦。

餐饮环境的营造应符合产品形象、消费者的用餐习惯及需求，能够促进人们的用餐欲望，达到整体和谐统一的视觉效果。大致概括为以下三种：自然环境、人工环境、自然与人工环境结合。

1. **自然环境** 餐厅和饭店都坐落于特定的环境之中，选择融入自然环境是一个不错的选择。充分利用自然美，在优美的自然环境中建造饭店、餐厅，不仅能让人享受美食，还能宴请亲朋好友，举办社交聚会，共同享受风景之美。这样的环境能让人观赏湖光山色间的静谧，或是感受山野林间的清新，或是欣赏烟云在山峦中游荡。餐厅依托于优美的自然环境，使得餐厅形象具有更加独到的一面。如杭州的楼外楼酒家，建于西湖之滨，用餐时可欣赏到清幽的孤山南麓，因有"佳肴与美景共餐"的说法而驰名海外。

2. **人工环境** 人工环境主要指餐厅的环境布置，应巧妙融入地方特色、乡土风格或异国情调。多数餐厅在装修设计时，会参考其所在地域的文化特色。例如，北京展览馆的莫斯科餐厅，其建筑和布置均展现出浓郁的俄罗斯风情；傣味餐馆内则悬挂大金塔、泼水节场景、竹楼及井塔的照片；新疆风味餐馆则播放着维吾尔族乐曲；苗族餐馆的墙上装饰着芦笙，屏风则是用苗族刺绣和蜡染布精心制作。这些元素共同营造了一个与饮食文化和谐共生的轻松、快乐、富有情趣的氛围，增加特定的情感，力求使顾客在就餐时有一种归属感，让他们在享受美食的同时更能获得一种情感上的依赖，让远离家乡的游子有种宾至如归的感觉，让未曾踏足过某地的人仿佛身临其境一般，让曾游历此地的顾客在异地他乡的风味餐馆重温旧梦，享受一段难忘的用餐时光。

3. **自然与人工环境结合**　近年来兴起的"农家乐"旅游项目便是自然与人工环境的巧妙结合，既带动了周边经济，又唤起了城市人对农村生活的向往与回忆。随着市场的发展，"农家乐"变得多元化，基础配置也越来越全面。除了可以为顾客提供特色美食外，还可以依托周边环境，为顾客提供亲子体验、露营野餐、团建活动、生日聚会、婚礼场地等服务，在增加收入的同时也发展了餐厅的特色。走进生机勃勃的果园和菜园，体验劳动后丰收的乐趣；围坐在农村的火炉旁，感受火光的温暖；登上木质或竹质的小楼，远眺落日余晖。这一切都给人一种陶渊明笔下田园诗画之中悠然自得的体验。在城市中的喧嚣忙碌之余，到"农家乐"中体会生活的闲适，不仅品尝了特色美食，也是一种心灵的治愈。

二、常见的餐饮环境主题和风格

餐饮环境的风格极其多样，许多商家在布置环境和营造氛围上倾注了大量心血，力求营造出各具特色的环境来吸引顾客。同时，餐饮环境也反映了经营者独特的个性和主题化的经营理念，进而满足人们对物质文化及精神文化生活的追求。结合当前大众的审美需求，餐饮环境常见的风格主要有以下几种。

（一）古典风格

古典风格大多数采用对称式的布局方式，格调高雅，造型简朴优美，使用传统的、古色古香的木质工艺。色调大气沉稳，多以中国画、石头、竹子等作为点缀，富有东方哲学气息，彰显传统大气的美感。在传统古典风格的基础上，逐渐衍生出新中式风格，该风格多采用明清时期的家具，色调更为明快，将古典风格与现代软装相结合，既富有禅意美学又不失古典风格的底蕴，达到了一种恰到好处的平衡。

（二）田园风格

田园风格的餐厅以欧式田园类型居多，散发着自然的气息，给人以清新典雅之感。装修色调以奶白色、原木色等浅色为主，广泛运用花朵、布艺、木质、藤编等软装元素，推崇自然、亲近自然，具有一定的浪漫气息，尤其受到现代年轻人的喜爱，轻食店、咖啡厅等多选用此类风格。

（三）现代简约风格

现代简约风格极为普遍且广受欢迎，它更加实用，也更符合消费者的审美需求。该风格以简约、时尚为主，空间可变性强，通过流畅线条的运用给人以大方自然之感，再辅以较少的装饰和天然环保材料，以营造轻松舒适的餐饮环境。此风格适用于咖啡店、快餐店、主题餐厅等。

（四）乡土民族风格

乡土民族风格给人的第一印象是质朴而实在。它将民间的传统习俗、风土人情巧妙地融入餐厅环境中，运用地方性的建筑材料或传说故事等作为装饰主题。例如，将竹编菜篮子陈列在空间里，里面装满新鲜的瓜果蔬菜，让人直观感受到食材的原生态和新鲜。这种风格有助于人们摆脱城市的喧嚣，回归自然与宁静。

三、餐饮环境装饰的设计方法

餐饮环境装饰的设计风格通常与餐厅所经营的品类相适应。在确定主要风格后，可以通过以下几种方法来实现这一设计目标。

（一）光环境的设计与运用

光环境的设计是利用光的要素来营造和烘托用餐空间的环境氛围。光环境可分为自然光环境和人造光环境，良好的光学设计能够渲染用餐环境，愉悦顾客的心情。自然光可以通过应用大片的玻璃或特定的开窗、门造型引入，使餐饮环境变得通透，顾客能更亲近自然，充分享受阳光。例如，位于上海的威斯汀大饭店"水晶苑"亚洲餐厅拥有开阔的顶棚玻璃空间，让顾客在用餐时能够充分享受到阳光和蓝天白云。人造光的利用更为多样，可以通过光的投射、强调、映衬、明暗对比等方法渲染环境气氛，甚至可以模仿自然光的效果，如幽深的海底世界、绚烂的月光星空、飘洒的雪花等，营造出引人入胜的景象。

（二）水景的设计与运用

水景在餐饮环境中的运用包括点状的喷泉、线状的瀑布、面状的水池等。喷泉以小规模的水池等水景为主，在餐饮空间中起到点缀作用，使环境更加精美和别具一格。瀑布以布景为主，线状水景的落差变化增加了空间中的动感。面状的水池形成较为庞大的场面，让顾客近距离接触水，在波光粼粼水面的映衬下，给人以独特的美感。此外，也可以通过水幕、水帘、隔岸景观等设计来分隔空间。

（三）绿化的设计与运用

将花草等植物作为景观运用到餐饮环境的布置中，给人一种生机勃勃之感。这种设计已成为一种时尚，不仅能起到装饰美化的点缀效果，还可以分隔空间。在餐饮空间中，花卉等植物常放置于门口、楼梯出入口、拐角转折处，像迎宾小姐一般亲切地迎接客人，同时也装点了单调的空间。绿植也可以用来作为餐饮空间的分隔，如大厅与雅座之间、座位与座位之间、公共空间与私密空间之间，都可用绿植围栏进行分隔，达到美化空间的目的。

（四）装饰小品的运用

在餐饮环境中，装饰小品不仅可以起到点缀空间的作用，同时也能起到平衡局部、协调色彩、活跃气氛的效果。

1. 字画点缀空间　字画是文化层次的体现，高品质的字画有很强的欣赏性，能直接表达餐饮企业的审美和品位。不同题材的字画表达的文化内涵不同，所营造的氛围也不同。中式空间可采用具有文人风采的书法和国画，西式和现代风格则可采用油画或具有现代气息的装饰画。

2. 墙面挂饰装点空间　挂饰包括海报、照片、条幅、各种装饰物等，起到丰富空间层次的作用。挂饰的选择可根据需求而变化，如春节可挂反映传统文化的饰品，圣诞节可挂圣诞树、雪花等，增加用餐环境的活力。

3. 陈列观赏品点缀空间　陈列观赏品包括具有实用性的陶器、瓷器、玻璃器皿等，以及具有观赏性的雕塑、漆器等。陈列观赏品能增加餐饮空间的艺术性，在选择上应与餐饮定位相契合，如农家乐选用瓦片、簸箕、蓑衣等进行装饰，而泰式餐厅选用棕榈、椰子、大象雕塑摆件等。

（五）家具的陈列与运用

餐厅中日常需要的家具包括餐桌、餐椅、备餐柜、花几、衣架、休息沙发、茶几、电视柜等，这些都是餐饮环境中不可或缺的实用物件，在餐厅环境的装饰中也尤为重要。家具的选择应考虑以下功能：①实用功能，家具应根据空间大小选择便于移动且坚固耐用的，以方便日常管理和卫生清洁；②舒适功能，家具的选择必须符合人体工程学，以科学的方式满足顾客的舒适度；③审美功能，家具在陈设中起主导作用，主导着整个室内的风格和气息。不同造型、不同材质、不同色泽的家具能反映出不同的装饰风格。古典风格餐厅多选用中式风格的木质家具，现代风格餐厅则多选用板材、皮革、布艺等综合材料的家具，这些家具线条简约，强调设计感和实用性。家具的色彩也要根据室内风格整体考虑，它往往决定室内的整体色调是否和谐。深色调的家具可以平衡室内色彩，给人以高贵、沉稳、安静的感觉；浅色调的家具则让室内色彩变得明快，给人以优雅、温馨之感。总而言之，家具既要满足实用和舒适的要求，又要在造型和色彩上与餐厅环境和谐统一，从而营造出舒适优美的用餐环境。

（六）现代科技的运用

随着时代的进步和科学的发展，许多现代科技也运用到了餐厅装饰中。例如，5D全息光影技术，能让顾客在裸眼情况下多角度欣赏立体影像，并能与影像互动。餐厅可根据自身装修风格定制5D全息光影场景，带给顾客沉浸式的用餐体验。传统的宴会厅装修风格可能相对普通和单一，而5D全息光影技术能很好地解决这一问题，如在中式婚宴中展示龙凤场景，在西式婚宴中展示城堡花海或浪漫的海滩场景，使餐厅环境更加多变和丰富。此外，餐厅机器人也是现代科技运用的亮点之一，其以可爱的造型和声音与顾客进行交流，并为顾客提供点餐服务，既美观又实用，为用餐过程增添了乐趣。

四、餐饮环境软装设计

（一）餐饮环境软装设计的基本原则

软装设计在餐饮环境设计中也是非常重要的一项。优秀的设计能带给人独特的感受，恰当的软装选择能营造出极具质感的氛围。软装饰主要由家具、室内饰品、植物等装饰物组成。

这些不同的装饰物各具特色，且都能为就餐者带来别具一格的视觉感受和精神体验。

软装的准确定位，不仅可以满足现代人多元化、开放性和多层次的时尚追求，还可以为室内环境增添丰富的文化内涵，提升环境中的意境美感。但在餐厅软装设计中，要遵循以下原则，以更好地装扮室内空间。

1.先定风格再做软装　在餐厅软装设计中，必须先确定装修的整体风格，控制好设计方向，再用饰品进行相应的点缀。

2.把握好节奏和韵律　节奏和韵律是通过体量大小的区分、空间虚实的交替、构件排列的疏密、长短的变化、曲直的穿插等变化来实现的。在餐厅软装设计中，虽然可以采用不同的节奏和韵律，但同一个房间应避免使用两种以上的节奏，以免造成视觉混乱，让人无所适从。

3.确定视觉中心点　在餐厅软装设计中，视觉中心极其重要。确定好顾客的注意力范围，这样才能营造出主次分明的层次美感。视觉中心是布置上的重点，对它的强调可以打破全局的单调感，活跃餐厅氛围。

4.统一与变化的原则　餐厅软装设计布置应遵循统一与变化的原则，根据大小、色彩、位置，使之与家具构成一个整体。家具应有统一的风格，再通过摆件等细节的点缀，进一步提升餐饮环境的品位。例如，可以将有助于提升食欲的橙色定为餐厅的主色调，而在墙上挂置一幅绿色装饰画可作为整体色调的点缀。

（二）影响餐饮环境软装设计的因素

针对不同类型和档次的餐厅，根据实际情况综合考虑各种因素，选择适合餐厅类型的软装设计内容是十分必要的。这一过程中，需要考虑的因素较多，主要包括大致成本、材质选择、色彩搭配等。影响餐饮环境软装设计的因素大致有以下几个方面。

1.经营的项目及经营范围　一家餐厅所经营的菜点档次和范围应与其软装设计和资金投入相适应。如果软装设计与经营项目和经营范围不匹配或存在较大偏差，将会影响其实际的经营效果。因此，餐饮空间的经营项目和经营范围与配套的软装设计之间应存在一种基本的对应关系。

2.针对的主要消费人群　餐饮环境软装的设计还要考虑顾客的审美，如何满足并超越顾客的审美预期是商家们经常思考的问题。为此，我们应从消费心理学的角度研究消费者们的实际素质、主要分布情况、经济收入状况、消费直接动机、消费方式、消费与收入的比例、消费质量、对相关因素的心理预期等。相应地，相同的产品可能引发不同的经营效果，软装设计是其中的一个重要的影响因素。

（三）餐饮环境软装设计的具体内容

1.台面装饰

（1）桌牌。桌牌应该进行功能融合设计，在保留其原有标识台号的基础上，创新性地加入点菜、结账的二维码扫描区域，以及新品推荐、活动宣传的直观展示，实现一桌牌多用途的便捷体验。

（2）餐垫。餐垫可适当进行广告营销植入设计。餐垫原本的功能是放置餐具、减少餐具取放或上菜时所产生的声音，使用餐更加优雅。我们可以利用餐垫的空间，巧妙地植入相应的餐品广告，将广告内容融入餐垫的设计中。

（3）调料。调料可进行集成化设计。餐厅经营的产品不同，台面上配备的调料也不同。以主营烧烤的餐厅为例，传统上桌面散落着食盐瓶、辣椒瓶、孜然瓶等，不仅占用空间且容易污染、丢失。因此，在设计时可将所有调料进行整合，并加上常备的牙签、餐巾纸等，用一个盛器集成在一起，并进行定位。这样不仅便于客人使用，也便于餐厅管理，同时可以加上名签和带有日期的封口贴，提升服务品质。

（4）餐具。客用餐具的设计在台面设计中非常重要。鉴于餐台面积有限，在满足用餐基本功能的同时，应使餐具与品牌视觉识别系统（VI）相匹配。此外，合理设计还可以节省部分台面空间，将更多的桌面空间留给菜点。

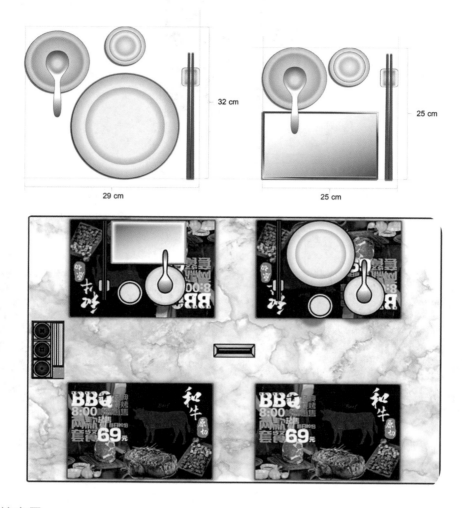

2. 环境布置

（1）店面门头设计。店面的门头设计是客人到达餐厅的第一视觉影响因素。站在餐厅门口，可以获取许多信息，包括直观的店名、主产品、菜式、风格，以及隐性的餐厅档次、风格、调性，还有经营者对餐厅、产品和客人的态度等。因此，店面门头的设计非常重要。

①门头店名的设计：门头的尺寸应尽可能大，充分利用所有空间以增加可视面。设计时要结合人流方向和视觉习惯，如果只有一面可以做门头，在条件允许的情况下，可向外延伸门楣或扩展门厅，以增加门头的可视度。店名的字体应直观、明显、突出，文字量不宜过多。若需显示经营内容，应与店名在字体大小上形成较大差异，以突出店名。店名的颜色与门头底色应利用对比色形成色彩差异。门头和店名要与附近店面产生对比，在色感上要纯于或亮于其他店面，同时要符合品牌视觉管理的设计基础。

②店门的设计：店门的样式、风格、材质、颜色应与整体装修风格相协调。店门的开合方式应根据消防安全要求设计，平开门只能向外单向开启，侧滑门在紧急情况下应可常开启

并具备锁死功能。

根据门的开启方式不同，门可分为平开门、弹簧门、侧滑门、折叠门、旋转门、上翻门、升降门、卷帘门等。

a.平开门：构造简单、开启灵活，制作、安装和维修方便，是建筑空间中使用最广泛的门，需要手动开关。

b.弹簧门：形式与普通平开门基本相同，但用弹簧铰链或地弹簧代替普通铰链，开启后能自动关闭。单向弹簧门适用于有自动关闭要求的空间，双向弹簧门多用于人流量大或同样有自动关闭要求的公共空间。为方便出入者相互观察，避免碰撞，往往会在双向弹簧门扇上安装透明玻璃。

c.侧滑门：开启时不占用纵向空间，受力合理，不易变形。但关闭严密性较差，构造较复杂，需要门体两倍的横向宽度。适合应用于有宽阔门框空间的场所。

d.折叠门：门扇可拼合、折叠，推移至门洞口的一侧或两侧，占用空间少。较窄的两扇折叠门可仅在侧边安装铰链，而较宽或三扇以上的折叠门还需在门的上边或下边额外安装导轨及转动五金配件。

e.旋转门：对防止内外空气对流有一定作用，适用于人员进出频繁且有采暖或空调设备的公共建筑外门，但不能作为疏散门。在旋转门的两侧还应设平开门或弹簧门，以备在不需要空气调节的季节或疏散大量人流时使用。旋转门构造复杂，造价较高，一般情况下不宜采用。

平开门、弹簧门、侧滑门还需要考虑使用单扇门还是双扇门，以及门的整体宽度。还需要根据单次入店人数、进出店频次、经营品类和经营方式做出选择。若室内外温差较大或室外风沙较大，需要选择有较高隔绝性的门，必要时还应设两层门以保持室内温度的稳定性。

③外立面的设计：外立面是餐厅对外展示的重要空间。如果外立面由玻璃组成，应留出更多空间展示餐厅内部环境。如果要展示产品，可利用腰线以下和头顶以上位置。外立面非玻璃部分可通过装饰优化，或与门头作为一体设计，增加视觉的统一感和冲击力。

④门前地面的设计：门前地面常被忽略，常仅简单铺设迎宾地毯。宽敞的门前环境可设置与门店风格统一的半身围挡或栅栏，留出进口作为门廊和招牌，栅栏内可放置户外桌椅，增加营业面积和餐位数，扩大视觉展示面。如果门前空间有限，可进行造景或放置长椅，丰富店外环境视觉效果和公共性。

（2）吧台的设计。餐厅的吧台集合了原本吧台和收银台的功能。不同经营形式的吧台在餐厅内的位置各异。中餐厅的吧台通常位于门厅或主餐厅门口；快餐厅的吧台与厨房相连；西餐厅的吧台则设在空间连接处。随着收银形式的变化，现金结账已逐渐减少，收银台的功能性也随之减弱。在一些时尚的中餐厅中，吧台已成为整个餐厅的视觉中心。在吧台设计中，要满足酒水展示和酒水出品两大基本功能。在酒水展示中，展示红酒时可利用较高的红酒墙或红酒柜，既具备存储功能也具有展示效果；展示啤酒时，可直接使用酒水展示冷柜或吊架，以展示多种瓶装啤酒，同时还可用啤酒现酿设备或多头打酒设备展示现酿啤酒和精酿啤酒。并且酒吧顶部外延可进行静态图像或动态视频展示。酒水出品环节依靠酒水加工设备和器具完成，设备和器具的精准匹配是酒水出品的设计核心。利用专业的设备搭配适宜的器具，结合精心设计的酒水出品呈现方式，展现酒水的专业操作和精致出品。此外，还能将吧台地面适当抬高，以形成视觉中心感。

（3）内立面的设计。餐厅内立面的装饰设计能提升整个餐厅的调性和文化感。可以采取统一的装饰风格，或在不同区域进行不同设计。餐厅内立面需要多个功能性区域，如主视觉区、文化形象区、特色产品展示区等。具体来说，我们可以利用楼梯立面、走廊立面、包间外墙进行文化形象和特色产品的展示，选择用餐区内较大且整齐的墙面作为主视觉区，利用公共转角进行品牌造景。

（4）天花板的设计。餐饮店内的天花板常是视觉忽略区域，我们所探讨的天花板装饰设计，是针对天花板剩余空间的有效利用，可以考虑更多体现品牌概念的装饰性设计。例如，门厅上方悬挂的吊饰不仅可以装饰空间，还可以起到引导方向的作用；在用餐区上方悬吊的纱幔，配合投影的多样而流动的色彩，能营造出极光梦幻感。

（5）出餐口的设计。现代餐厅的厨房多采用开放或半开放设计，这样的设计通常会带来较大的出餐口。出餐口的装饰设计应与菜点相关联。可用于装饰的空间仅限于出餐口上端到顶部的区域。在这个空间内，可以进行静态或动态的菜点视频展示，或进行大面积的原料展示。通过洁净透明的玻璃，可以展示出干净明亮的美食空间、厨师们流畅的操作技艺以及极具诱惑力的美食，为顾客带来独特的用餐体验。

（6）洗手间的设计。餐厅的洗手间在视觉装饰设计上应与餐厅的主题和风格相协调。洗手间应保持洁净，确保光线充足。在气味管理上，应保证无异味，并可适当放置熏香等物品。如果还能维持适宜的温度，将更有助于人们放松。

在装饰设计时，我们应更加注重人性化和提升服务意识。洗手台应配备以下物品：熏香或鲜花、感应式水龙头、温水、洗手液、擦手纸、消毒液、香水、牙线、漱口水、泡沫去污剂、衣物去味剂、平面镜、凹面镜、镜前灯、擦鞋布等。此外，小包间内的厕所可增设感应冲水设备、手机架、纸巾、衣帽钩、助力扶手、呼叫器等设施。

项目小结

烹饪综合艺术属于烹饪工艺美术的拓展部分，是展示烹饪艺术性的广阔平台。随着生活水平的不断提高，人们在餐饮活动中对美的追求不再仅限于菜肴，而是对餐饮器具、筵席布局、用餐环境都提出了美的要求。本项目主要介绍餐饮器具的美学原则、菜点与餐饮器具的选配、筵席布局设计、餐饮环境设计等方面内容，通过学习，学生可以更加全面地了解烹饪工艺美术的内涵，提升对餐饮器具、筵席、用餐环境的审美能力。

同步测试

一、选择题

1. 在一般日常饮食生活中，中国传统的餐饮器具绝大多数是为（   ）而制作的。

知识链接

扫码看答案

A. 实用　　　　　　B. 美感　　　　　　C. 食用　　　　　　D. 美观

2. 以下哪个选项不属于餐饮器具的实用与审美特征？（　　　）

A. 材质美　　　　　B. 功能美　　　　　C. 造型美　　　　　D. 自然美

3. 以下哪个选项属于餐饮器具的美学原则？（　　　）

A. 实用性与艺术性的统一　　　　　　B. 自然与人工的统一

C. 外在美与内在美的统一　　　　　　D. 客观美与主体美的统一

4. 作为一种餐饮文化的象征，餐饮器具已经成为餐饮业不可缺少的（　　　）陈设品，出现在酒楼饭店的餐桌上。

A. 实用或装饰　　　　　　　　　　　B. 美化

C. 装饰或食用　　　　　　　　　　　D. 装饰或功能

5. 菜肴与餐饮器具在色彩的搭配上要体现和谐统一的效果，下列不属于色彩搭配的是（　　　）。

A. 色彩冷暖对比　　　　　　　　　　B. 色彩强弱对比

C. 色彩深浅对比　　　　　　　　　　D. 色彩构成对比

6. （多选题）以下哪些是我们在设计自助餐餐台的台面时需要考虑的问题？（　　　）

A. 餐台　　　　B. 台布/台裙　　　　C. 设备　　　　D. 器具　　　　E. 菜点

7. 筵席环境的布置，是针对筵席相关空间环境的设计与优化，包含视觉环境、嗅觉环境、听觉环境、（　　　）环境。其目的是为用餐客人营造一个多维感受的用餐体验。

A. 感觉　　　　　　B. 触觉　　　　　　C. 味觉　　　　　　D. 痛觉

8. 下列选项哪个不属于筵席的特征？（　　　）

A. 礼仪性　　　　　B. 简洁性　　　　　C. 规范性　　　　　D. 仪式性

9. （　　　）是突出菜点风味特点及视觉效果的关键所在。

A. 餐饮器具的价格　　　　　　　　　B. 餐饮器具的特性

C. 餐饮器具的材质　　　　　　　　　D. 餐饮器具的大小

10. 在中式宴会中使用 200 cm 圆台适合安排（　　　）位客人入座。

A. 6 ～ 8　　　　B. 8 ～ 10　　　　C. 12 ～ 14　　　　D. 多于 14

二、填空题

1. 筵席，是设计、_____、_____、服务整体呈现的集中表现形式。通过揣摩筵席目的，对于筵席_____、_____、_____等进行设定与设计，使之得到主题突出、内涵丰富、具有美感的_____体验。

2. 筵席台面与台型种类有_____、_____、_____、_____。

3. 餐饮环境的风格是相当多样的，结合当下的审美需求，主要有_____、_____、_____、_____。

4. 餐饮环境的营造，应符合产品的形象和消费者的用餐习惯及需求，做到整体和谐统一的视觉效果。大致概括为以下三种：_____、_____、_____。

5.根据筵席社交性的需求,现代筵席需要在传统筵席的＿＿＿＿、＿＿＿＿、＿＿＿＿的特征上,还需具有一定的＿＿＿＿、＿＿＿＿、＿＿＿＿的现代特征。

6.光环境可分为＿＿＿＿和＿＿＿＿,好的光学设计能够渲染用餐环境,愉悦顾客的心情。

7.＿＿＿＿是筵席台面装饰美化的重点,也是用餐客人的视觉中心。

8.餐饮器具的材质是决定＿＿＿＿、＿＿＿＿、＿＿＿＿的主要因素,也是突出菜点风味特点及视觉效果的关键所在。

9.筵席以档次分类可分为＿＿＿＿、＿＿＿＿、＿＿＿＿。

10.随着现代社会人们个性化审美的发展,各种图案在餐饮器具上已经得到了广泛的应用,有＿＿＿＿、＿＿＿＿、＿＿＿＿、＿＿＿＿等。

11.在设定餐饮器具时,应保证用餐的舒适性。需考虑餐饮器具＿＿＿＿＿＿、＿＿＿＿＿＿、＿＿＿＿＿＿,以适应餐台的大小。

三、简答题

1.中国餐饮器具的美学原则可以体现在哪些方面?

2.菜肴与餐饮器具的纹样搭配有哪些技巧?

[1] 杨铭铎.饮食美学及其餐饮产品创新 [M]. 北京：科学出版社，2007.

[2] 杨铭铎，严祥和，刘俊新.餐饮概论 [M]. 武汉：华中科技大学出版社，2023.

[3] 杨铭铎.餐饮概论 [M]. 北京：科学出版社，2008.

[4] 倪秋芬，宋东瑞，翟福珍.烹饪美学 [M]. 成都：电子科技大学出版社，2020.

[5] 周文涌.烹饪工艺美术 [M]. 3 版.北京：高等教育出版社，2022.

[6] 周明扬.烹饪工艺美术 [M]. 北京：中国纺织出版社，2008.

[7] 张菁.烹饪工艺美术 [M]. 北京：科学出版社，2013.

[8] 何志贵，谢欣.烹饪工艺美术 [M]. 北京：旅游教育出版社，2006.